U0900916

罗盘法则

如何锁定目标，引爆潜能

（英）弗洛伊德·伍德洛◎著
岑秀文◎译

THE WARRIOR, THE STRATEGIST AND YOU

How to Find Your Purpose & Realise Your Potential

化学工业出版社
·北京·

The Warrior, The Strategist and You: How to Find Your Purpose and Realise Your Potential by Floyd Woodrow

Copyright © Floyd Woodrow 2016

This edition arranged with Louisa Pritchard Associates and Elliott & Thompson

through BIG APPLE AGENCY, INC., LABUAN, MALAYSIA.

Simplified Chinese edition copyright:

2022 Beijing ERC Media Inc.

All rights reserved.

本书中文简体字版由 Louisa Pritchard Associates and Elliott & Thompson 授权化学工业出版社独家出版发行。

本版本仅限在中国内地（大陆）销售，不得销往中国香港、澳门和台湾地区。

未经许可，不得以任何方式复制或抄袭本书的任何部分，违者必究。

北京市版权局著作权合同登记号：01-2021-4829

图书在版编目（CIP）数据

罗盘法则：如何锁定目标，引爆潜能 /（英）弗洛伊德·伍德洛（Floyd Woodrow）著；岑秀文译．-- 北京：化学工业出版社，2021. 11

书名原文：The Warrior, The Strategist and You: How to Find Your Purpose and Realise Your Potential

ISBN 978-7-122-39883-3

Ⅰ．①罗…　Ⅱ．①弗…　②岑…　Ⅲ．①成功心理—通俗读物　Ⅳ．① B848.4-49

中国版本图书馆 CIP 数据核字（2021）第 184305 号

责任编辑：王冬军　葛亚丽　　　装帧设计：水玉银文化

责任校对：李雨晴　　　　　　　版权引进：金美英

出版发行：化学工业出版社（北京市东城区青年湖南街 13 号　邮政编码 100011）

印　　装：三河市双峰印刷装订有限公司

880mm × 1230mm　1/32　印张　6 3/4　字数　124 千字

2022 年 1 月北京第 1 版第 1 次印刷

购书咨询：010-64518888　售后服务：010-64518899

网　　址：http://www.cip.com.cn

凡购买本书，如有缺损质量问题，本社销售中心负责调换。

定　价：39.80 元　　版权所有　违者必究

序

如何全面开发自己的潜能？本书将告诉你这其中的全部奥秘，包括如何识别和释放你的才能。只需小小的改变，你就可以梦想成真。书中的概念通俗，操作性强，适用于方方面面，不仅可以为你的生活导航，还可传授给他人。

如何释放、操控自己的潜能？我一生都在致力于解答这个问题。我一直孜孜以求、矢志不渝地开发自我潜能，这份笃定成就了我的人生。在军队的 27 年中，我结识的朋友个个天赋异禀，敢于冒险创新、机智灵敏、精锐骁勇。我修读过心理学和哲学，和各行各业及不同文化背景的人共过事。在此期间，我不断探索如何与人合作以及自我价值实现之道。我们的终极目标是如何让整个社会变得更好。

回溯英雄人物的事迹，他们无不与厄运

搏斗，经历外部的阻挠，遭受来自他人的嫉妒、过分固执与不信任。我们与英雄无异，都要经历生命中的暴风骤雨。个人或团队的气力在风雨交加的至暗时刻方能彰显，助力他们穿越艰难险阻，迈向辉煌。因为成功源于策略，失败就绝非偶然。我们总觉得少数成功者背后的秘诀无非幸运而已，事实上，成功的秘诀与运气并不相关，而与努力和付出有关。知道自己想要什么，如何达到目标，并且有勇气和决心，我们就会无往不胜。

我曾扮演过不同的人生角色——军人、拳击手、企业家、谈判专家、作家，当然还有父亲。我游走于不同角色之间，它们助我理解人生中促我成功的四个要素。这四个要素仿佛罗盘上的东西南北四个方向，重中之重是我人生罗盘上的正北方——有我心中永恒不变的那颗“北极星”，它永远指引着我的航程，定位我究竟是谁和我要做什么。这份定位和目标为我指明方向，令我精力充沛、激情满满地实现目标。

“南极点”凝聚着我的“战略策划力”，是我规划人生、为驶向“北极星”指引的终极目标搭建脚手架的能力来源。正东方彰显我的“风骨内核”——我坚守的价值观念，即行事的立足点，在实现目标的过程中，没有妥协的余地。正西方储存着我的“战斗力”，即性格自带的力量和为目标与信仰而战的雄心。

罗盘各点须保持平衡，过于倾向任何一点都会阻碍前进。勇气不受战略操控会事倍功半，这一点我很清楚，因为我吃过数年勇气不听战略指挥的苦头。罗盘各点一旦平衡，大脑中任何目标落地定然不在话下。当调好的罗盘在手，下一步只需地图的跟进即可。

把“人生地图”可视化，有助于保持你对目标的专注。由此，为到达目的地，要走的路线、要克服的困难、要实施的步骤，都变得一清二楚。用语言也用图画，将头脑中的模糊概念变成真实具体的路线图，我们就可以在地图上再回头辨识方向，寻求激励，一路上还可以在地图上补充添加。

一旦头脑、身体和精神三位一体，协同作战，我们就会在各自领域所向披靡。希望本书感动、激励、赋能于你，最终，你的规划会逐渐清晰——想去哪儿，想成为谁，做什么才能达成目标。阅读本书的过程仿佛我与你同室晤谈，期待将所有真实的人生经历分享给你，共赴一场心灵之旅。故事的真实性毋庸置疑，但为了隐私亦做了匿名处理。

> 任何事情都应简化到极致，而非简化一些而已。
>
> ——阿尔伯特·爱因斯坦

我建议你先通读一遍这本书。每章后面均附有系列练习，第一遍时只需稍加浏览，通读此书后再具体练习。阅读时可以把这本书当成笔记本，在上面写写划划，加插图、编附录、重点章节加索引，这些方法均能让你高效学习。我希望它能成为你不时重温的读物，以不断唤醒你真正的潜能。最重要的是，我想让你相信自己，为未来全力以赴，抓住机会，打破潜能的界限。

未来主义作家阿尔文·托夫勒（Alvin Toffler）曾说："正是写作的过程改变了我。我的思想因写作而清晰，时间与生活也变得井然有序。"我也深有同感。写这本书让我探索了自己的理论，挑战了自己的观念，同时还把我关于如何突破自身极限和实现理想的心得落笔成文。写作也让我反思了曾有过的经验教训和它们如何塑造了我，我将在书中与你分享并期盼你能从中获益。回顾我的人生，孩提时代的经历对我影响颇深，从军故事不常见却更能鼓舞人心，为人师的经历让我有机会与商业、军事、教育、体育等行业的顶尖人才互通有无。

本书介绍的方法简单易学，操作性强，适应面广，有助于你实现各种目标。这些理念将使你不断挖掘内心的想法，改善自我评价机制，助力你将梦想变为现实。很荣幸能和你分享我的经验，并期待你有所收获。

目 录

第 3 章 精神特质

第 4 章 战略家

第 5 章 勇士

第6章 人生罗盘

第7章 团队合作

第1章 找到我们前进的方向

实现人生理想的第一步是确定自己的人生方向。人生方向可称之为我们的“超级北极星”，即一个明了于心的意图，一个值得奋斗的目标。没有这个目标，我们很可能会随波逐流——可人生不是儿戏。但如何找到目标并实现它呢？

当我还是个青涩的男孩，甚至成为成熟的男人后，我都会花很多时间做白日梦。尽管在学校时老师们不断提醒说“集中注意力”“注意了，弗洛伊德”，我也依然没丢掉这个习惯。我的坚持是幸运的，因为那些人错了。人们越来越认识到，做白日梦对激发创造性和个人发展是必要的。当然我们必须选择做白日梦的场合——闲暇漫步时思维流逸，这自然好；对敌时魂游天外，这就糟糕了。

多年来，我曾梦想成为富翁，当体育老师（你可以看出我的梦想多么天马行空、无章可循），开跑车，当兵，做企业家、专业运动员、首席大律师、畅销书作家、飞行员。我的梦想不胜枚举，直到今天还在不断更新。

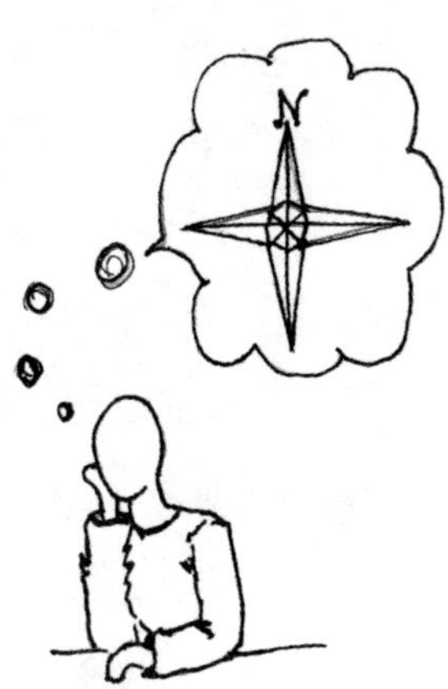

我也不得不承认，有的梦想非我能力所及，比如我永远也成不了歌手。和朋友们成立的男子乐队希望还是被提及得越少越好（因为到了海选阶段，有人说我们是垃圾。感谢老天，当时还没有《英国偶像》[①] 这类歌手选拔节目，但至少我们尝试过）。

我最近做培训，工作对象是一些 5~18 岁不等的儿童和年轻人，我问他们的第一个问题是："你们的梦想和抱负是什么？"当他们脱离客观条件、达成路径、时间和他人眼光的限制思考这个问题时，一些令人叹为观止、极富挑战性与野心的点子破土而出。对他们中的许多人来说，这是第一次放心地告诉别人心里的"超级北极星"，而不用担心被嘲笑，被告知要现实一点，被批评没有成功的概率，被讽

①《英国偶像》（又译《X 音素》，The X Factor）是一个首先在英国举办的真人选秀节目，它最初是作为《流行偶像》的替代节目而出现。这是一个歌唱节目，目前在全球许多国家都有自己的版本。这个节目将参赛选手分组，并互相对抗来决出最后的冠军。参赛者大多是抱着成为流行歌手的目的参与节目的选拔。——译者注

刺没有足够的才华。初生的梦想和抱负是脆弱的，因此需要一些事物和人的力量来解锁梦想，以助其成长飞扬，而非冷水浇熄。

> 6岁的时候，我想成为一名厨师。7岁时，我想成为拿破仑。我的抱负自此一直在持续壮大。
>
> ——萨尔瓦多·达利[①]

孩子想象力的无畏是一种值得支持的奇迹：他们会很高兴地把自己视为宇航员、超级英雄或狮子王，没有任何限制。可悲的是，对大多数人来说，梦想在童年之后就停止了。希望、想象产生的兴奋和喜悦被一种人们称之为“现实”的与日俱增的妥协感取代。在这种旷日持久的妥协中，梦想被逐渐压制，而不是被珍视和支持。

任何想法都能突然激发我们的灵感，所以千万不要放弃做白日梦——它能让我们探索生活中自己真正想要的是什么，帮助我们找到目标。我们必须有一个目标，生命太短暂，经不起浪费。激情激发我们的思想，触动我们的内心，推动我们前行。所以，如果你正在从事一份毫无激情的工作，就要小心了，它很可能会限制你的成就。

① 萨尔瓦多·达利（Salvador Dali，1904~1989），西班牙著名画家，因其超现实主义作品而闻名。——编者注

目标的力量

“目标的力量”非常重要。有一次，在我就这个话题做了一次演讲之后，曾问一位年轻女士她的目标是什么。她说自己目前在攻读生物学学位，未来考虑进入制药行业，“选择制药行业是因为好挣钱”。接着，她脸庞亮起来，洋溢着激情、温暖和能量，继续说道：“但我真正热爱的是那个环境。”她解释说这种热爱对她是多么重要。我扬起眉毛，她笑了——这位女士知道自己的人生目标是什么。

> 不要问自己这个世界需要什么。弄清楚是什么让你神采飞扬地活着，那么就去做什么，因为这个世界所需要的是一个朝气蓬勃的人。
>
> ——霍华德 · 瑟曼（Howard Thurman）

不管谁问我们为什么会致力于当前在做的事情，我们都应该能从容对答。我们的目标可以是个人的、职业的或社会的。如果能兼容这三个方面，那么我们的生活就将意义非凡。

浇筑梦想

我的“超级北极星”种子萌发之时，我还是一个四肢修长的男孩。当我瘦弱单薄的身板变得健壮有力，这个想法也随之在脑海成形。我注定要当兵。看到哥哥身着皇家海军陆战队制服，我着实羡慕。我儿时的偶像是亚历山大大帝——一个真正的男人，不是虚构的超级英雄，他为自己的信念而战，带领自己的士兵取得了令人难以置信的成就，这一切都发生在他 32 岁之前。这些想法促成了我的参军梦想。我想要知道自己在身体和精神上能够做到多棒。我想要接受挑战和考验，而军队就是这样的地方。我的“超级北极星”继续成长，我的“战略”日渐成形。我明悉自己在前进道路上需要到达的里程碑，我意识到只有成为伞兵才能真正探寻我的潜力。进而我加入了英国特种空勤团（SAS），一一实现我的梦想。

当初，我的梦想只是一个雏形，时隐时现地闪烁在心中。那时我遇到了第一个障碍，即没有人支持或笃信于我。我的职业规划导师对我参军的愿望和加入特种空勤团的计划进行了猛烈的抨击。但我决心已定，这只是我漫长旅途中的短暂插曲，是我在 1981 年 2 月 2 日加入伞兵团之前遇到和克服的诸多困难之一。

调整我们的目标

尽管专注于我们的“超级北极星”是重中之重，但我们的旅程并不总是一帆风顺。有时候环境变化，内心改变，对我们重要的东西也随之改变，我们就会需要一个新的目标去追求。我们需要有适应能力——如果不能灵活地在需要的时候改变方向，就会丧失良机。关键是要确保我们做出了正确的决定——改变我们的“超级北极星”，因为改变对我们来说是正确的，而不仅仅是因为它变得困难从而我们放弃了自己原有的追求。

有一次，我为刚接手的一个团队进行为期 11 周的训练。我已经在“丛林”（那可是一片蛮荒的密林）里待了六个多星期，进行实弹射击、巡逻、伏击、导航训练。第二天早上，这支特殊的队伍迎来了为期两周艰苦训练的高潮：一次实弹营地攻击。雨下了好几个小时，所以，尽管遮蔽的树冠很密，地面还是湿漉漉的，泥泞不堪。远处传来的雷声预示着雨势正盛。明天将会更艰难，我暗自思忖着。

那时正值我攻读法学学位的第三年。我远赴野外训练，密林中的夜晚漆黑一片，此时的我，靠头上的火把照亮取暖，埋头在一堆法学书籍里，抵御着空气中的寒意。每个人都沉入睡梦里，为明天的恶战做准备。唯有我醒着，我要完成关于刑法的论文，且明天一早就要通过直升机交上去。

第一次考虑改变方向、离开空勤团时，我认为读个学位会有帮助，于是选择了法律。律师是貌似伟大的职业——我想象着法庭上的唇枪舌剑、激烈交锋。

写完论文的最后几句，我又回到了一直读的两本书上，一本是关于思想和心理学的，另一本是关于沟通策略、谈判和领导力的。突然，我在灵光一闪间规划了自己的未来。我要取得法律学位，但不会成为一名律师。我要成为一名领导力和潜能开发方面的教练。我将学习更多关于心理学的知识，并利用这些知识从专业的角度锤炼过往经验，看看在这方面我会走多远。年轻时，我曾想教体育——现在我亦未忘初心。

虽然这一念头突如其来，辩论却在脑海中立即展开：到底是坚守曾选择的“超级北极星”，还是转向新的方向，我开始在脑子里权衡利弊。四年的艰苦生涯成就了我从事教学的初衷。在很多情况下，这可能是关乎待在安全的舒适区（保持现状）还是激发潜力（承担风险）并取得成就之间的博弈。我是否保险起见继续当兵，不去当律师？最终决定前，我务必再深入研究一下。

我热爱军旅生涯，懂得自己可在军队中继续学习和成长几年，但也明白这并非长久之计。如果脱下戎装，我不确定是否能找到一个和现在一样热爱的职业。自成年以后，军人一直是我的主要身份。对很多人来说，你问他们做什么，他们会说——我开叉车，我在超市工作，我是销售员，我是导演，等等——就是这样，这只是他们的工作而已，而非他们是谁。然而，对我来说，知道自己是谁是第一位的。我首先是个军人。军人之天职契合我的秉性、能力、价值观和身体条件。我对此充满激情，从未妥协，一次都没有。人生目标如此重要，我却因为未来不可知而放弃了目标，想到这我感到不安。我不想仅仅因为舒适而留下来。

最后，我修完法律学位，对已开始的事情没有半途而废。但我还是决定从事培训工作而非当律师。我意识到法律从来不是我真正的激情所在，只是在寻找下一个“超级北极星”时决定尝试的众多目标之一。当我们不确定生活中的目标是什么，设定诸多目标，向前迈出一小步，就会更清楚地看待事物，进而确定哪个是我们的“真爱”。我通过修读法律学位，获得了额外技能和经验，这对我实属宝贵，更重要的是，这使我确立了新的目标。搞培训是一个更加充实的目标；自这一目标转变的想法在脑海浮现的那一刻，我就知道这是一个正确的决定，我从来也没后悔过。

设定高标准

我们的目标应该具有挑战性，应该是值得实现的目标。我们应该确保我们的目标足够高，以使我们不断努力并可充分发挥潜力。如果我们为自己设定的目标过于简单，我们永远不会真正出类拔萃，也永远不会发现自己到底能取得多大的成就。

设定艰难的目标时，能自始至终相信自己甚为重要。我们不应任他人阻止自己设定目标。我记不清有过多少次被告知不能取得什么成就，但这些消极反馈恰恰不断强化我的决心。

自刚开始练拳击时起，我就在遭虐。我还记得当时我兴奋地问老师是否可报名参赛，老师笑着告诉我，等我更结实、体重更重时再找他。然后老师几乎把我的头发摩挲成一团糟，说道："快走吧，孩子。"这让我非常绝望，经过足足半年焦灼不安的内心挣扎，我终于想明白了，"去你的！"然后一鼓作气，一脚跨进拳击台进行比赛。

我很快意识到，我喜欢别人告诉我我做不了什么。这意味着我恰好是给自己设定了一个真正的挑战，这本身就激励我成功。

我们不应让任何人夺走我们的梦想，我们的梦想应该远大得让人感到不可思议。当人们喝倒彩时，我们就知道一颗值得为之奋斗的"超级北极星"正在冉冉升起。

> 人活着时要努力使自身能力超越自己的极限，要不然要天堂来做什么！
>
> ——罗伯特·勃朗宁[①]

抓住灵感

有时有人问我："如果你真的不知道你的'超级北极星'

① 罗伯特·勃朗宁（Robert Browning，1812~1889），维多利亚时代两大诗人之一，与阿尔弗雷德·丁尼生齐名。主要作品有《戏剧抒情诗》《剧中人物》《指环与书》等。他以精细入微的心理探索独步诗坛，对英美20世纪诗歌产生了重要影响。——译者注

在哪里呢，弗洛伊德，你会怎么办？”但奇怪的是，即使是和孩子们在一起，这种情况都很少见。

我的回答是，尽我们所能去经历更多的事情，让我们不断前行。我们永远不知道什么会激发我们确立目标——一个长怀于心的梦想或一个不着边际的想法——所以我们应该始终对想法持开放态度。我曾经和一些人一起工作，对他们来说，某天不经意间产生的一个简单念头可能会激发新的思维，并为他们指明真正的发展方向。关键是要花时间让这个想法流入脑海，然后在其消失之前写下来——即使这个想法还未成形。我们应该相信直觉，让它指明未来的方向。我们应该倾听自己的内心，想想生活中让自己充满激情的事情。要知道，我们是独一无二的，我们梦想的事情总会实现——只要我们不懈奋斗。

我儿子在 27 岁时才决定了自己的“超级北极星”，之前他做过很多尝试，包括当救生员、冲浪运动员和金融从业者。他现在要成为一名士兵。实际上，在冥冥之中这一直是他的“超级北极星”，但在他投入之前，他想通过尝试其他事情和获得其他经验来确保这是自己想要的。他还想确保自己不受我和我的军旅生涯的影响。这并没有错：我们不应该觉得我们必须匆忙做出决定。拖沓犹疑和斟酌思考是有区别的。如果我们还没有准备好去实现想法，我们应该向前迈出一小步，随着时间和经验的积累，我们的目标会逐渐变得清晰起来。

在我不确定退役后要干什么的时候，我做了许多我钟爱的事情——获得了法律学位，学了几门语言，学了心理学，写了一本书。我往往很快被新挑战吸引，而每个新挑战我必全力以赴，倾其所有。所以我必须谨慎地做出选择。我想当一名军人的愿望始于一个简单的念头，现在回首发现这消耗了我一半的生命；飞行也是童年时期闲着没事琢磨出来的白日梦，终究欲罢不能，直到圆梦；还有和一个朋友聊了会儿就上了法律课；而现在的愿望——驾驶直升机——每当我想到时就会蠢蠢欲动。最后，所有这些经历把我引向新的"超级北极星"：建立国际领导力学院，锤炼孩子和成年人在成功之路上披荆斩棘所必需的技能。

当然还会有更多梦想，而且一直会有更多梦想。

> 洞察力并不是在头脑中闪耀的灯泡，而是摇曳不定的烛光，很容易熄灭。
>
> ——马尔科姆·格拉德威尔[①]

① 马尔科姆·格拉德威尔（Malcolm Gladwell），加拿大记者、作家和公众演说家。自 1996 年以来，格拉德威尔一直是《纽约客》的撰稿人，他还撰写了《引爆点》《异类》《眨眼之间》等著作，这些著作皆出现在《纽约时报》畅销书排行榜上。格拉德威尔于 2011 年被授予加拿大勋章。——译者注

人生罗盘

我们一旦找到了属于我们的“超级北极星”，就需要使用正确的导航方法驶达目的地。寻求抵达北方的方法，还有什么比用我们自己的指南针更好的呢？

我还记得我的第一个实物指南针。那还是刚加入伞兵团的时候，如何操作指南针是众多培训课程的开篇。我手里拿着一个席乐瓦牌（Silva）指南针：长方形外观，塑料材质，刻有数字，表盘上镶嵌一红白相间的指针；古老又现代，深奥难懂又令人着迷。上面还有一个放大镜、毫米和英寸的比例尺、一个用度数标注的边框，还有一些奇奇怪怪的角度标记，我很快就知道这是 1∶25000 和 1∶50000 的罗默（Romer）比例尺，用它可以在地图上找到任何东西的准确位置。这个玩意儿以它独特的特点令人兴奋。

在伞兵团的这段时间里，我们的导航和定位技能不断受到考验，一次又一次地让我们认识到正确掌握这些技能的重要性。教官教我们如何把行程分成几个段，并标出段的方位。我们学会了如何辨认陆地的轮廓，探测路线有多险峻，可能会遇到什么障碍，了解必须穿越的地形，我们应在哪里会合，我们的目标在哪里。与此同时，我们学习了磁变以及如何将其考量。在看地图时小错误会酿成大患——注意力不集中很容易让你偏离轨道数英里。在整个军事生涯中，我一直使用指南针，基本规律始终如一：指南针不会说谎。就像我在伞兵团的导师之一阿尔·斯莱特（Al Slater）曾经指出的那样，我们可能误解了信息，地图可能有错误，地面可能发生了变化，但指南针总是指向北方。只要我们把路线画对了，指南针会一直指引我们前进。

我记得我在空勤团训练时，在威尔士布雷肯比肯斯国家公园[①]徒步行走，很多人一起训练，测试不同的路线。不出意外的话，及时到达目的地，需要5个小时，如果走错了路，花的时间就要长得多。在我去最后一个检查站的路上，不巧下起了大雾。时间越来越紧，我踉踉跄跄地向前走着，看不到前面几英尺以外的地方，只好从罗盘上寻找方向。突然，一个身影从雾中出现，我认出了他，他是我的一个朋友。他比我更善于看地图，但在去往最后那个检查站的路上，他与我走的方向略有不同。我们停下来聊天，我告诉他我的指南针指的是哪个方向，他说他知道地形，以前去过那里，他很自信地认为他知道最近的路。我感到不安，导师

① 威尔士布雷肯比肯斯国家公园（Brecon Beacons National Park），位于威尔士南部，1957年被列为国家公园。总面积为1344平方米，最高峰叫Peny Fan（威尔士语），海拔886米，是威尔士南部的最高山，也是英国南部Snowdonia山脉的最高峰。Brecon是地名，Beacons在古时是“烽烟”的意思，当英军向威尔士地区发动进攻的时候，当地人就在山上点起烽烟（Beacons）通知居民，Brecon Beacons一名由此而来。——译者注

的声音在我耳边回响起来，平静而坚定："指南针不会说谎，相信指南针，它总是指向北方。"我们没有同路，尽管我仍感不安，但比他早 30 分钟到达检查站。

为何我如今拥有自己的人生罗盘，这是很重要的原因。当我们掌握了人生道路的正确地图，激情盎然且全力以赴地去开拓，指南针将永远为我们导引正确的方向。我们的成功之路从来不像计划的那样平坦，但如果有明确而专注的目标和正确的路径，即使关隘重重，我们也定会因有"超级北极星"的存在而不忘初心。

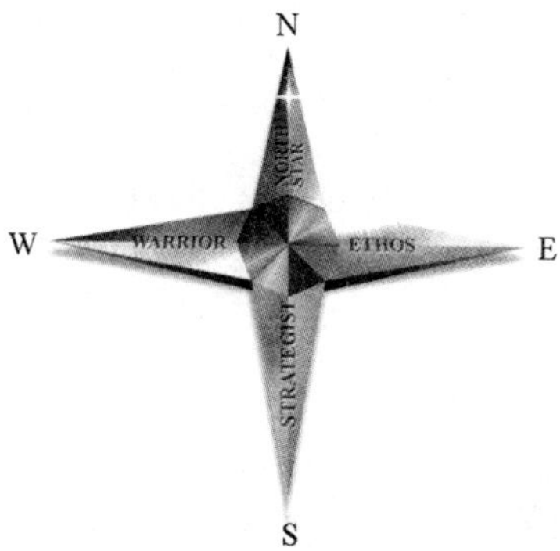

上图囊括了我们生命罗盘中的基本元素。"北方"是我们的"超级北极星"所在，也是我们的梦之所向。理解并对齐罗盘上的其他点将帮助我们抵达梦想之地。"东方"是我们的精神财富：我们的价值观念、行为和品格。它是我们的情商，是我们作为个体或团队的本质。我们的精神特质需要与我们的目标保持一致，并将在艰难的旅程中经受考验，因此我们需要心怀勇毅并为自己的信念负责。当我们组成一个团队时，精神特质是至关重要的，它将成为团队一致认可的行为准则和工作方式。如果团队没有一个堂堂正正和值得敬佩的精神特质体系，就会遮蔽我们可能取得的任何成就，正如许多人付出代价才发现的那样。

“南方”象征我们的“战略”。作为战略家，我们必须理性分析所有可用的信息，仔细规划我们的选择，确保我们能设定切实可行的通往“超级北极星”的阶段性目标。

“西方”是我们的“勇士精神”。这是帮助我们达到每一个阶段目标的性格力量，让我们自律、专注、不屈不挠、坚如磐石。这种性格力量让我们保持身体健朗，不断锤炼必需的技能，直到这些后天特质成为我们自身的一部分。

一旦我们有了“指南针”，就可以开始考虑我们将要穿越的地形。

创绘人生地图

可视化我们想要实现的目标，为旅程绘制地图以按图索骥亦至关重要，因为这样做能让我们全神贯注。从记事起，我就一直记笔记，记录我所学到的、观察到的、感知到的，以及我不懂的问题、需要避免的障碍。我记下一句句鼓舞人心的语录和诗歌，还画了一些对我有意义的符号、图画或涂鸦（我绝非艺术家，我画这些仅为个人所用）。这些组成了我人生的地图，是我内在和外在旅程的地图，让我每每回溯便欢欣不已。这种做法坚持下去对我颇有裨益，很多职业大咖也受益于此。斗转星移，我进一步发展了它，下一页将呈现我目前的地图，指向我此刻的“超级北极星”，显示了我迄今为止的人生旅程。

我的第一颗“超级北极星”，在图画的左边，是加入军队：在那段时间里，我对自己的工作很满意，但我知道我最终会去做与众不同的事，所以决心学习更多不同的技能。现在我新的“超级北极星”是我的领导力学院，你可以在图片的右上角找到。

当我们能预见自己的梦想和抱负并将其写在纸上，神奇的事情就会发生。这样我们的梦想会变得更加集中和可行。费利克斯·鲍姆加特纳[①]5 岁时为妈妈画了一张图画，画中他在高山上空跳伞，最终他从太空边缘完成了有史以来最高的跳伞。琼尼·威尔金森[②]9 岁时写过一封信，说他想在学校的橄榄球一队打球，然后再为英格兰队效力。

① 费利克斯·鲍姆加特纳（Felix Baumgartner），出生于奥地利萨尔斯堡，著名的高空跳伞、定点跳伞好手与特技指导。鲍姆加特纳曾夺得世界定点跳伞大赛冠军，并且因在包括曾经的世界最高楼台北 101 大楼在内的诸多建筑物与地标上完成定点跳伞而出名，是个名副其实的“飞人”。——译者注

② 琼尼·威尔金森（Jonny Wilkinson），英国前橄榄球联盟球员，被公认为有史以来最好的橄榄球联盟球员之一。2016 年入选世界橄榄球名人堂。目前是 ITV Sport 的工作室专家，致力于报道六国锦标赛、橄榄球世界杯和其他主要橄榄球赛事。——译者注

> 想象力比知识更重要。
>
> ——阿尔伯特·爱因斯坦

我最近跟一位年轻女孩交谈，她告诉我她是如何设想自己的人生罗盘的：她视自己本身为“超级北极星”，“精神特质”是一面镜子；“战略”是个棋子；“勇士”如同雅典娜。如果我们对梦想有清晰明确的定义，我们就能更全面地理解梦想，并为之全力以赴，最终梦想照进现实。

一旦将“精神特质”“战略”和“勇士”这些基本点有意识地定位，我们就能保持对目标的确定。通过看地图，我们就会有效协调要采取的行动，以便更坚定地实现目标。地图几乎变成了我们的契约，我们不想打破的契约。关键是将所有这些标清的定位融合到我们的方法、实践中；三位一体协同作战，我们就会有激情、动力、欲望和能量来实现我们的目标。这成为我们的人生罗盘；各个基点保持完美平衡状态，我们就总能找到正确的路。

在后面的章节中，我们将依次讨论每一个要点。然而，任何生命故事中最重要的部分，尤其是我们自己的，都是找到我们的“超级北极星”，这就是我们的起点。一旦我们的脑海中有了“超级北极星”，我们就可以绘制自己的地图，以确保我们一直走在正确的轨道上。

行动要点：

确定你的“超级北极星”

给自己找张纸。静静地坐着，深呼吸，脱离藩篱的限制，思考你是否有一颗“超级北极星”。首先从个人角度考虑这个问题。问问你自己：“在我的生活中有我满意的目标吗？”让你的思维如水般流动；不要用怀疑来限制思维，审视思维，抑或让来自内心或他人的声音粉碎思维。这是一个想象和思考你能如何卓越的时刻。

当一个强大的想法出现并攫住了你的注意力时，拥抱这个想法。在此阶段，它不必是一个完全成形的想法。然后开始画，你不必成为艺术家，因为你只需画给自己看。想想你要实现的目标，想成为什么样的人，向往的工作环境。想想你周围的团队（如果存在），你的家庭，你拥有或需要的技能。画符号，使用文字，使用明亮的颜色简略地描述——这些不必是连贯的图片。有时候一开始人们会很挣扎，但是一旦你开始画画，你会惊喜地发现当你的梦想变得更加触手可及的时候会发生什么。

和我一起做过这个练习的有各种各样的人，从世界上意志最坚定的士兵到最不经世事的孩童，以及状态处于他们之间的人。我经常听到这样的评论："它有助于理清我的思路"，"现在它变成了现实"，"今天早上我本想告诉你我不知道自己想成为什么，但现在我知道了，我很兴奋"。你的地图只是打开了通往"超级北极星"的大门。当这本书的其余部分不断启发你时，要回到这张地图上，有任何新的想法都添加上去。事实上，在你的一生中，随着目标、想法和灵感的改变，你的地图将被不断地更新修补。

当你处于深思状态时，继续问自己一些与你的未来和目标相关的问题，以保持创造性思维的流动。如果你仍然不得其解，想想下面的问题。

◎　当你上小学时，你梦想成为什么样的人，未来想做什么？当你上中学后这些想法发生了什么变化，为什么？

◎　你想过的最疯狂的选择是什么？

◎　此时此刻你最需要什么？

◎　假如处在一个完美的世界里，你会做什么工作？

◎　在工作时间或休闲时间，你分别做了哪些激励自己的事？

◎　早晨什么促使你起床并让你精力充沛？

◎　谁是你心中的男、女偶像？为什么？

◎　你希望在生活中拥有什么经历？

一旦你思考了这些问题，你便可以审视你的思维模式，看看有什么相似的主题出现。什么想法给你最大的能量和兴奋？现在回头看看你的“超级北极星”，问问自己：它真的足够远大和有震撼力吗？

既然你满怀激情并心有所向，那么请考虑一下，哪些技能和动力有助于你释放激情实现目标？哪些障碍有可能阻滞你前进的脚步？

◎ 你的三个超能力是什么？我们往往会被自己擅长的事情或拥有的技能吸引。你是否能在目前的岗位上发挥所长？为了追求你的“超级北极星”，你是否还需要锤炼其他技能？

◎ 生活中有什么会阻挡你前进吗？为了让自己待在安全的舒适区内而不向前迈进，我们经常会创造一系列借口：这对我来说不合时宜；我年龄太大了，承担不起变化；我没有足够的天赋……这些借口数不胜数。请你把能想到的障碍都写下来，实事求是地评估这些关隘能否被跨越，还是你自己的思想和恐惧本身在作怪？

◎ 提前展望你人生的结局——到生命终结那一刻蓦然回首，你想要实现什么？你希望为家庭和社会留下什么遗存？你想如何影响和赋能于别人？你期望如何被后世铭记？可以把这些想法都详细写下来。

最后，评估一下你对自己的目标的满意度。你是否已确定在生活中你真正想要的是什么，还是需要更多思考？在以下问题上给自己打分，满分 10 分。尽量不要使用数字 7 ——这是我们在对冲风险时倾向于使用的安全数字。

我清楚自己的目标，我的目标明确而全面，我可以就自己的目标讲一个引人入胜的故事 □

我有必要的技能和奋斗欲望来达成自己的目标 □

我对完成目标充满活力和激情 □

我不会让任何事情阻碍我前行 □

我已下定决心且开始了我的旅程 □

我知道自己将把什么遗留后世 □

为了让自己专注于目标，我注重时间管理 □

我身边以及我的团队之中有正确的人来帮助我实现目标 □

如果你在任何方面得分都是 0~4，那就危险了，你必须加以改善——这对你来说是一个薄弱环节，会影响你的目标实现。如果你得了 5~7 分，则尚存改进的空间。如果你的得分是 8~10，那说明你已经做得很好！

先计算你的总平均分之后再进行评估，以上规则也适用。

设立以上这些问题是为了激发你的思考，并确保你对自己的目标充满信心。它们会开始向你展示你的超能力以及那些可能阻碍你的方面。在必要的

> 时候，它们会促使你寻求指导、经验或知识，以继续发展你所需要的优势，并消除你最大的弱点。

一旦我们的脑海中有了“超级北极星”，就可以开始绘制自己的地图，以确保我们一直走在正确的轨道上。

第2章 确定起点

当我们有了梦想，或开始思考如何实现梦想，我们还需弄清当前所处的位置，即要确定起点：我们的潜力是什么？我们有哪些优势，哪些劣势？前进的动力是什么？做什么能帮助我们完成使命？最重要的是，要认识到，起点不是终点——我们前面还有一段旅程，不应指望一开始就具备所有必要的技能。渴望一蹴而就地获得成功、抵达完美是梦想实现道路上的最大障碍之一。

古希腊人深谙英雄锻造之道。在古希腊人眼里，英雄亦凡人，然而其作为不囿于常人，因此逝后能广受尊崇。但是，英雄的丰功伟绩从非上天赐予，他们所行之路、所做之事铸就了他们史诗般的人生。在此期间，他们无不战胜失败挫折，历经考验磨难，且大多数人不得不克服自身缺点，如易怒、善妒、幼稚，甚至是腿后部肌腱无力的身体痼疾。然而，随着每一步前行，甚至是某些时刻的倒退，他们的能力不断增长，直到最终取得英雄的丰功伟绩。

既然古希腊英雄们在其伟大旅程的起点亦非万事俱备，我们为何希冀自己在梦想的开始就已准备万全？我们须诚实估量，离理想目标的距离有多远？在哪些方面需改进以趋近目标？我们已具备哪些技能，这些技能处于什么水平？人脉情况如何，哪些方面人脉不足？从起点出发，就可规划实现目标的各阶段需达到的阶段性里程碑。

> 千里之行，始于足下。
>
> ——老子

发挥潜力

成功不只是少数幸运儿的专利。我所见过的所有成功人士，都是以这样或那样的方式奋斗才最终达成目标、实现梦想。首先，我们要确立我们到底要成为多么优秀的人，以及愿意将潜力发挥到怎样的程度。

上中学时，我是一个聪明且能力强的学生。学习方面本可跳级到高我一届的学习小组，甚至是高我两届的小组。为什么没跳成呢?

事实是，当时老师们建议我留在低年龄组。他们告诉我父母："宁在低年级做第一，不在高年级当倒数。"他们甚至没想过我跳级后在高年级可能也不会成为倒数。在他们看来，留在现在的年级是明智的选择。现在看来，当时如果我跳级可能会收获更多——因为我天性追求卓越，愿意直面挑战。待在低年级组，成功很容易，我却失去了进取之心。如果让一个十几岁的男孩随波逐流，他就会随波逐流。

然而，在体育方面，我自主确立了发展目标。我发现我擅长很多运动项目，有能力拿下郡级甚至更高级别的比赛。然而，我最后决定，宁可做一名普通优秀的全能运动员，也不要追求单项的登峰造极。我意识到自己潜力的局限性，知道如果选了一个项目，纵使可参加高水平比赛，也永远无法满足我那么多的梦想——奥运会奖牌、世界杯冠军、重量级拳击冠军。我不想只专注于一项运动却做不到最好，所以我强迫自己尽可能地参加更多的运动。我跑、跳、拳击、踢、打、投，一次练习好几个小时。后来我的梦想开始转向参军，而冥冥之中我坚持多项目练习的决定，对后来做特战队员颇有益处，因此你要相信自己的直觉。

我们要始终确保自己竭尽全力，达到最好的状态。发掘潜能、发现自己专擅的事情，是人生旅途中最重要的事情之一。我们不能等着别人告诉我们，你能做什么，不能做什么，也不能听从那些对我们没有很高期望的人的话。

找出优势和劣势

如果想真正了解自身的潜力，就需要确定我们的优点和缺点是什么。不是所有人都能在电影、戏剧或冒险中成为主角，但每个人都有独特之处。发觉自身的闪光点有助于激励我们努力工作。例如，数学不好的人很难当会计——虽非毫无可能，但道路艰难。

> 每个问题都给你竭尽全力的机会。
>
> ——埃林顿公爵[①]

虽然这需要时间，但通过仔细地反思过去、诚实地评估自己擅长之处和可以改进之处，我明晓了自己的优缺点。我还听

① 埃林顿公爵（Duke Ellington，1899～1974），美国作曲家，钢琴家，爵士乐史中最有影响力的人物之一，生于华盛顿，卒于纽约。20 世纪 30 年代初，他的乐团在纽约棉花俱乐部树立了声誉，后来乐团在欧洲巡回演出，吸引并影响了一些作曲家，乐团虽然改组多次，但始终保持了一流爵士乐团的水平 。埃林顿一生创作有 900 多首作品，其中有《蓝色的情绪》《孤独》《黑色和棕色幻想曲》《克里奥尔情歌》和《黑色、棕色和灰褐色》等。——译者注

取了一些令我尊敬之人的意见，他们助我更全面地认识了自己。

现在我明白了，通过实践我能学到最好，而且我肢体的运动感觉敏锐（身体和大脑协调）。我喜欢体育运动，离不开大自然。我擅长人际交往，有很好的共情和互动能力。我极富同情心，关心他人忧乐并期盼帮助他们开发潜力。我长于自省，并深知自己的兴趣、目标和生活动机。

我的理性大脑与感性内心完美融合。我相信我的直觉，清楚自己有强大的决心以实现目标。我表达能力突出，文辞典雅优美。我还是个自信的演说家，可以对我的人生计划侃侃而谈。

我空间想象能力平平。考虑到推理和计算能力不可先天拥有，我努力修读逻辑和计算。我还在思维结构和策略方面下功夫。我喜欢从概念出发，探索各种模式和事物之间的关系。我需要先形成概念再精研细节。跃入拳击场前，我付出更多时间进行步步为营的策划推演。我还须分辨轻重缓急，因为即使诸事繁杂，我往往也会从自己最感兴趣的入手，而非最重要的。我想在音乐上更进一步，例如学习一种乐器（尽管我已放弃了唱歌）。

> 如果大家都对自己满意，世界上就不会有英雄了。
>
> ——马克·吐温

当然，专注于我们独特的超群之处颇为重要，因为它们是我们成功的关键。然而，确保特定的弱点不会阻碍和掣肘我们的发展同样重要。我发现处理弱点的最佳方法是一次全部找出，然后各个击破，依次改善每一个弱点，直到全部解决。回过头来，针对超群之处，我努力提高所有的而无先后之分。

找到动力

明晰自己的优点和缺点不足以让我们朝着目标前进，我们必须不断督促自己发挥全部潜能、保持冷静自持直到成功。为此，我们需要弄清自己动力的源泉，即是什么赋能于我们。

我清楚地记得 14 岁时参加越野跑的情景。我们年级所有男生女生都参加。当时我刚刚加入了一个拳击俱乐部，一直在努力训练。在朋友们的簇拥下，我舒舒服服地跑在队伍中间的位置。跑完了四圈中的第一圈时，我几乎上气不接下气。但当我经过一位我喜欢的老师身边时，我看到他耸耸肩，转向一位同事说："真丢脸，我以为弗洛伊德会跑在前面。"

一腔激愤使我加快脚步，朋友们大声叫我慢下来，我充耳不闻，只管不断超过对手，跑到队伍的最前方。我内心的声音引导我前进："不要掉队，一个个超，你能做到！"渐渐地，在接下来的两圈中，我赶上了领跑的人，我努力向前直到超过他们并奋力争取第一名。这样的奋起直追让我付出惨痛的代价。在最后一圈时，我双腿抽痛，肺腔欲裂，血液涌流并在耳畔嗡鸣。当他们用前半段储存的力量冲过终点线时，我已精疲力竭，只能落于人后，以并列第四跑完全程。

但我却没有失望，反而兴奋异常！尽管疲惫不堪，但我已全力以赴，并距冠军一步之遥。

这次发挥潜能的原因是发现有人对我的期望比我自己更高。如果我早点激励自己，以不同的策略跑完全程，鹿死谁手还未可知。后来朋友们祝贺我说："干得好，你简直健步如飞，差点就把本抓住了。"（本是我们年级跑得最快的男生。）

"下次见分晓。"我说。

我们可以怀揣多种理想上路：帮助别人和改变世界，做大做强一项事业，让自己在某领域成为佼佼者。

我们有能力促成理想的实现，在此之前首先要厘清怎么做以及做什么。

这一切都是为了保持积极，记住我们正在朝着某个目标努力。我们必须思考我们想要实现什么，为什么我们想要实现它，以及我们有多想要实现它。一旦我们对这些问题有了明确的答案，在那些我们不想继续前进的时刻——无论是最早的起点还是最后一英里，我们都可以回想这些答案并聚焦于它们，从而让自己重新精神焕发，奋力向前。

为自己制定艰难的目标非常重要，但我们需要将它们分解为可控制的小步骤，以便精准定位并让自己感到有所成就，并从每次的成就中获取源源不断的激励。我们不应该因对任何一步产生畏难情绪而裹足不前。如果感觉肩负重担，我们应该从此时此刻就开始奋力向前，一旦开始，我们很快就会发现一切都在潜移默化中顺利进行。

导师和向导

虽然我们对自己的动机有一定的控制力，但外部资源也并非毫无裨益，正如越野比赛中那位老师的评论让我备受激励一样。有些人需要权威人物的敦促，有些人需要有同样经历的同辈的支持。我们需要找到那些可以激励我们的人，无论是朋友、同事、老师还是教练，或者通过团体或俱乐部认识的志同道合者。

因此，在最初评估我们的可提供支持的人际网显得尤为重要。谁是我们生活中的导师？谁可以为我们提供中肯的意见和建议？谁激励我们，推动我们成功，并帮助我们不偏离正轨？期盼我们能在因缘际会中遇到一些这样的人。同时，知道谁已在我们的生活中扮演角色，谁是我们可以依赖的人，谁在过去帮助过我们，对于我们开始追寻目标也意义非凡。

但是，正如积极的经历和导师可以帮助塑造我们一样，消极的经历和导师也可以塑造我们。对我们来说，重要的是找到一种方法使消极的际遇消弭于我们的生命长河中，或将其转化为积极的部分，例如一个学习的机会。它们不一定会拖累我们。

起初，我离开学校时只有几项资格证书，但在后来的生活中通过了各种各样的考试，最后被问到是否想攻读博士学位。这是一个关于心理韧性以及大脑如何在压力下工作的研究项目。当时我工作繁重，但不知为何，我想承担这份工作。我花了一些时间思考为何自己执着于博士深造。令我惊讶的是，我意识到答案是虚荣——我想要“博士”的头衔。这个虚荣的向往是过去的情感使然。

在我 11 岁时，我在数学考试中一直名列前茅。我的自鸣得意一直持续到科尔先生的忠告。他说并非我做得好，而是其他人都做得不好。他还说，我离最聪明的小孩还相去甚远。

孩子们对公正与否有一个壁垒分明的衡量标准。我知道我赢了！我没有操纵比赛或作弊。其他人做得更糟并不是我的错。从客观事实出发，这也许是正确的。但它很难令人鼓舞，这种不公正的评判一直伴随着我。

一旦我接受了想要读博士的理由，我便发现自己需要的是一个名号而非博士学位本身。二者存在天壤之别。我们无力改变过去的事情，但我们可以调整自身与它的情感联结。

我无法改变 11 岁时的事情，但我可以改变如今我看待它的方式并付之一笑。我知道那位老师是个好人，因为在课堂上失望透顶而欠斟酌地评价我。一旦我允许自己这样思考，与记忆相关的负面情绪就会消失，我便可以继续向前。我们可以选择让哪些经历影响我们，以及它们如何影响我们。它们是我们学习和前进的机会，而非沉湎于过往的理由。

行动要点：

评估你的起点

下面的练习将帮助你思考：你是谁，你的优点和缺点是什么。这样你就可以评估你的起点是什么了。

在 20 分钟内写下尽可能多的问题，不要犹豫，争取一气呵成，越多越好！这些问题不一定是重要的，但应涵盖生活的方方面面。例如：我怎样才能找到喜欢的工作？我到底想得到什么？我真正的才能是什么？我如何才能更富创造力？我的目的是什么？如果我能成为世界上的任何人，我会是谁？我最喜欢的历史人物是谁？我为什么要放弃钢琴？我希望讲什么语言，等等。

写下你的问题，然后离开一阵子，之后再回来看看它们揭示了什么。通过这个练习，你问自己的问题就像你的答案一样具有启发性。它们会告诉你哪些领域让你兴味盎然、与之共鸣。所以不要想太多，只把你想到的写下来。一旦你完成了练习，花点时间看看你问自己的问题，并思考它们的意义。

然后，作为故事的主角，写一篇针对自己的描述。从一个了解你、喜欢你的朋友的角度来写；他们应该谈谈你的优点，还有阻碍你发展的缺点。这一步大约需要 20 分钟。

你在你的故事中感受到了深刻的人生意义和鲜明的个人特色吗？当你对自己的目标充满激情时，它会驱使你去寻找意想不到的机会，探索神秘未知的领域，排除障碍，勇往直前。请记住，没有激情，一切皆无可能。

现在考虑以下问题：

◎　你想帮助别人吗？

◎　您想开发一种产品并将其推向市场吗？

◎　你想在任何一个领域取得成功吗？

◎　你想成为世界上某一领域的领衔专家吗？

◎　你只追求人身安全和经济保障吗？

◎　你向往较高的社会地位吗？

◎　你想福泽社会并有益后世吗？

在做这些练习时，我发现自己没能认真地对待前面的一些问题。但是，我思考越少，就越能深入探索自己的潜意识。当我回顾时，在混乱的问题和答案中梳理出两个珠玑般的核心：一个是我需要个人的平衡和身体健康；另一个是将我所学教授他人并回报他们。这次练习给了我启示，是时候离开军队了，是时候创业并考虑建立一所领导力学院了。从我的答案中我发现了自身诸多所长，也看到不改善就会一击致命的弱项，例如我应学习商业知识、变得更有商业头脑，否则就要面临很大的经营风险。

我是……

在上面的框中写下能定义你今天是谁和你拥有的关键优势的关键词。花一些时间，当你完成的时候，找一个了解你的人核对一下，他会支持或质疑你这份清单中的某些部分。他们赞同你对自己性格特征的定位吗？

到目前为止，你生命中最重要的5个人/导师是谁，为什么？他们怎么看你？

写下他们的优点和你从他们身上学到的东西。谁给了你最多的能量？谁给了你最多的情感支持？谁给你的关注最多？

如果你可以选择5个你从未见过的人（活着的或去世的）来指导你的人生旅程，他们会是谁，为什么？

在这些练习的最后，你会更好地了解你所欣赏的优点、你已经拥有的优点，以及你需要努力的方向。

我还发现，当我特别想要成就某件事时，问我的导师一些简单的问题会有帮助：

1. 你认为我在这个领域的强项是什么？

2. 我需要注意什么？

3. 我需要开始做什么？

4. 我需要停止做什么？

5. 我在这方面的弱点是什么？

下面的表格可以帮助你确定你最擅长的领域。给自己打一个 1~10 分的分数（其中 10 分是最具竞争力的）。然后在 6 个月内重新给自己再打一次分。它将使你发现你最薄弱的地方，并跟踪你的进展。

	日期	日期
1. 我的人际交往能力很强		
2. 我的个人能力很强		
3. 我有良好的语言能力		
4. 我有很强的空间想象力		
5. 我有很强的逻辑和计算能力		
6. 我有很好的身体运动能力		
7. 我有很强的音乐鉴赏力		
8. 我有很强的创造力		
总　分		

第3章 精神特质

这里的“精神特质”（ethos），指的是一种文化性格的内核和精髓。精神特质可被定义为一个团体或社群的整体信仰、传统和实践熔铸成的深厚情绪，抑或一个民族内部或一段历史期间被认可的主流价值观。“伦理”（ethics）一词来源于“精神特质”，指支配我们行为的道德准则或价值理念。精神特质也可定义为群体或社会的潜在情绪，这种情绪寓于团体或社会的所有信仰、习俗或实践之中，也指一个民族内部或一段历史期间被认可的主流价值观念。

在个体层面，精神特质指我们仰赖的原则和价值观念，它定义着我们的生活方式。精神特质是由我们自己为自己设定的标准。我们所秉承的价值观念锚定了我们的性格和对后世的影响。个人精神特质的至高表现为毫不妥协，而至低表现为毫无价值可言。

> 你的存在不受你此刻认为自己是什么而限制，而是你能想到的一切。
>
> ——托马斯·杰斐逊（Thomas Jefferson）

我们的精神特质源于我们的智力、人格、秉性，源于我们的生活经历和周围的人，源于我们对自己的道德弱点和所受困苦的理解。它通常建立于童年时代，经自然打磨和后天培养逐步成形，并在我们的一生中不断进化。

塑造我们精神特质的人

导师是无价的——他们引导我们沿着我们选择的道路前进，激励我们，塑造我们的价值观，帮助我们成为我们自己。他们的建议和反馈值得信任。

父母在我的成长过程中至关重要——他们是我的第一任导师，对我早年生活影响巨大。我相信许多读者对此感同身受。

我的父亲是一个兢兢业业的人，让我尊敬和爱戴。像所有的儿子一样，我希望他为我感到骄傲。他是一个擅长讲故事的人，有一种温暖的幽默感，热爱运动，体格强壮。父亲从不打我们，他甚至从没大声训斥过我们兄弟。他让妈妈规范和教导我们。

唯独有一次，我在当地商店偷拿糖果时被人发现，他应我母亲的要求来我房间找我。我知道这事不对，但诱惑的冲动让我鬼迷心窍，结果竟然忘记一个基本的情况——店主认识我们家的人。那时母亲每两周才去那家商店一次，我提心吊胆地等了两个星期，等着东窗事发后妈妈发落我。当然，这一天还是来了。我看着妈妈拎着购物袋回家，从她那愤怒而严肃的脸上我知道有人告诉她了。我准备好迎接劈头盖脸的斥责，以及接受不吃饭和早睡的惩罚。但妈妈只是说“等你父亲回来”，然后把我送回房间，这迥然不同往常。

时间一分一秒地流逝，爸爸终于回来了，他把我单独叫到厨房。空气中弥漫着阴郁的气息，我知道大事就要发生了。奇怪的是，爸爸没有大喊大叫，也没有体罚我，而是平静地问我零花钱够不够。我羞愧地低下头，他告诉我他无比失望，认为自己没有给我树立一个好榜样。他的自责让我更加沮丧。他带我去向店主道歉，从此我再也没有做过这种事。这件事让我第一次意识到情商的重要性，并让我从此更懂得如何对待做错事的人。它也帮助我开始定义自己的精神特质。我让爸爸失望了，而对我来说，他对我的看法非常重要。

他当然不是这样对待每个人的。他在布拉德福德[①]市场工作，脑子里成天盘算着货物周转和价钱，他是一个不好糊

① 布拉德福德（Bradford），英国中部城市，在佩奈恩山脉东麓，利兹以西 14 公里处。——译者注

弄的硬汉。一次一些人把一些板条箱故意打乱，算了两次价格，因此多赚了一倍的钱，他立刻发现了这种市场里最常见的骗人把戏，气得满脸通红。爸爸知道哪个家伙可能干出这档事，因此，在与另一位同样脸色铁青的负责人商量后，他走近罪魁祸首，一把抓住他的脖领子，和他飙着粗话谈判。5 分钟后，失踪的货物奇迹般地再次出现，那个始作俑者声称“装错了车”。

“你从不偷你自己的东西，”爸爸说，“没有比这更卑劣的了。”

我从小到大一直钦佩父亲有很多原因。他在很多造就今日之我的关键经历中扮演重要角色。实际上，我脱离幼稚、长大成人始于我做首份工作的那个清晨。父亲步履轻缓地走进我的卧室，在我床边放了一个旅行闹钟。

说服他给我这份工作并不容易——爸爸更加保守和爱护我们，而不像妈妈那样督促、鼓励我们去冒险。所以，当我请求他同意我星期六和他一起去市场上工作时，他拒绝了。我真的想要这份工作，更坦白地讲，我想要这份工作所能挣来的钱。因为尽管我们生活节俭，但家里也没钱买在妈妈看来是奢侈品的东西：足球鞋、拳击手套以及一个男孩真正想穿的衣服。当时我只有 12 岁，爸爸下定决心不让我像他小时候那样生活在一个艰苦、冷酷和无情的环境中，所以刚开始他断然拒绝了。

我一直请求，他一直拒绝。直到一个周末，我们正热闹地享用周日午餐，令我惊讶的是，妈妈改变态度站在了我这一边。她告诉爸爸，我比同龄人偏瘦，体力劳动可能会使我强壮起来。我的三个哥哥也支持我。在大家的压力下，父亲不情不愿地同意了。

上班前一天的晚上我兴奋地翻来覆去无法入睡，巨大的成就感一直持续到第二天清晨。我听见前门关上了，爸爸离开了家。我瞥了一眼他留给我的闹钟：现在是凌晨 4 点。我把温暖柔软的被子拉严实，然后睡着了，直到半小时后闹钟的铃声把我吵醒。为了实现我的目标，我即将学会自律的第一课：起床。尽管我的大脑坚定地告诉我要待在原地，但我一定会起来：第一天不能迟到。

冬日的周六清晨，我恋恋不舍地从床上爬起来，开始质疑这么早出发有何好处。蹒跚在外面的风中，跋涉到公共汽车站，我坐上了开往布拉德福德市的公共汽车，心里充满了紧张和期待。我一直以来的执意又是为哪般?

公共汽车沿着曼彻斯特路向市郊驶去，5 点 52 分到站。天开始下雨，还要步行一英里才能到市场。我穿着轻薄的彼得风暴牌夹克，并带上了连衣的帽子，才明白为什么爸爸一直裹着那么多保暖的衣服，让他看起来像熊一样胖。在山顶，可以看到市场的灯光在灰色的十月清晨温暖地闪烁，我可以听到下面山谷中的噪声。我深吸一口气，下山并来到市场入口处。

布拉德福德市场曾经是由鹅卵石铺成的多条巷子组成，刚好够手推车通行。20 世纪 70 年代，这里变成了一个现代化的、没有灵魂的商业区，卡车不得不在为马匹和手推车而建的狭窄巷道上缓行。爸爸毕生为斯威森果蔬批发店工作，从一个手推车男孩直到销售总监。他告诉我当时谋生之处要么在这里要么在磨坊。他在磨坊里待了一天，就再也不去了。

我走进去，斯威森果蔬批发店首先出现在右手边。大清早的交易热闹地进行着，人们叼着香烟，交谈着生意。嘈杂的声音令人兴奋，但却模糊不清，就像身处开赛前的足球观众群中。色彩鲜艳的水果和蔬菜来自世界各地，人们用板条箱将其拖走。

我到的时候，爸爸看了看表，对我笑笑示意，暗示我“做得好”。他递给我一件大到可以吞没我的工作服，让我和别人一起，把一箱箱水果从一个地方搬到另一个地方。经历了格外漫长的两个小时，我累得大汗淋漓，那套工作服湿透了。爸爸给了我点钱，让我买个熏肉三明治，我就去了咖啡馆。

在快速玩了一场“太空入侵者”的游戏之后（游戏的挑战是每周的最高分都能赢得一顿免费早餐——这是我的动力所在），我拿到了熏肉三明治。我匆匆离开，看着人们进行着艰难的交易，批发商和交易商各自争取着当天最好的价格。我很快就了解到，这里不像一个商店——没有一个价格是固定的，而是不断波动的，对供应、需求、时间和质量做出反应。它可能是关于苹果和梨，但如果你稍不注意，你可能会损失大量的钱。竞争很激烈，地位和金钱随时可以失去。

在下午一点，市场终于关门了。爸爸开车送我回家。作为沉默的约克郡人，爸爸没有告诉我他很满意我的表现，但我觉得他没明说的自豪像给我上了一剂止痛软膏，妥帖舒适。我们一路笑着说去公园巷酒吧，在那里他给我买了半份泰特利苦啤酒（我觉得那时我有六英尺高），告诉我喝时别被警察抓住，否则就要被罚款。然后他让我回家告诉妈妈他还在做生意，很快就会回来。到家后我瘫倒在沙发上看电视，几个小时后醒来，四肢酸痛，胸中充满自豪，而我的口袋里有整整两英磅的报酬。

是的，工资很低，工作时间很长，冬冷夏热的环境也很艰苦。但那里的人评判你的标准是你的表现和能力，而不是你的父亲是谁或你在哪里上学。你在工作中表现出色，值得信赖，就能赢得别人的尊重。无论年龄大小，责任都是根据业绩和表现来分配的。到我 16 岁的时候，如果有销售人员离职，我就会去顶替销售部门的工作。永远不要低估被人接纳的力量，这是一种鼓励。我喜欢在市场工作，这里就像我第二个家。

我在市场上的经历帮助我锤炼了自己的职业道德：努力工作，为自己所做的事感到自豪，保持准时。我的父亲对我的职业态度影响深远，他每天都在那里，第一个到，最后一个离开。他是我的第一位导师，当然不是最后一位。

> 你生活的幸福感取决于你思想的质量。
>
> ——马可·奥勒留[①]

在成长期，拥有带给你正面影响的导师和楷模是关键。因为我们的精神特质要不断锤炼，整个人生过程一直有他们陪伴也是很重要的。

阿尔·斯莱特（Al Slater）是我在入伍期间遇到的第一位导师。无论是在战场上还是在运动场上，你总是希望他是你这边的人。他受过高等教育，看上去比6英尺的实际个头高，方下巴透着勇敢坚毅，蓝眼睛可以看穿你。他幽默感很强，完全忠实于自己的信仰。他可能是他那一代人中最有影响力的老师，广受同辈和新兵的尊敬。直到今天，他仍在影响着我的思想。他教导我：做基本的练习既不无聊，也不是

① 马可·奥勒留（Marcus Aurelius，121~180），罗马帝国五贤帝时代的最后一个皇帝，罗马帝国最伟大的皇帝之一,161~180年在位。他不但是一个很有智慧的君主，同时也是一个很有成就的斯多葛派哲学家，有以希腊文写成的著作《沉思录》传世。——译者注

一种约束，而是一种解放。“如果你能做好基础工作，你就能适应不断变化的环境，释放你的创造力。”阿尔的第二个口头禅——“绝不走捷径”——总是带着意图说出来。我们抑或我自己从未偷奸耍滑，因为这是最糟糕的虚假的划算方式。如果我们要做某事，我们就应该把它做好。竭尽全力将节省我们的时间和精力，还可能为我们的生活和其他人的未来打下基础。

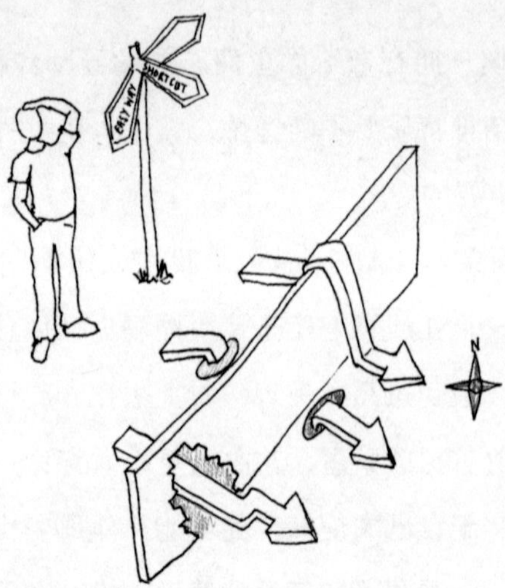

以下是我曾给别人上的一课。我曾经做过一次训练，让一群士兵去侦察一个地区以为另一个晚上的伏击做准备。这其中总是涉及详细的计划和执行方案，我过去发现人们在培训中经常跳过一些步骤。但是，在训练中养成的坏习惯可能会延续到实际情况中，因此需要立即消除。他们不知道的是，我还派人到现场检查他们是否精准、完整地完成了这项任务。大多数小组都按标准行事，但像往常一样，有一个小组决定走捷径。第二天，我请每位小组指挥官站起来，详细解释他们所采取的步骤，并且我告诉他们我已看到的有关地面部队的情况，所以他们的故事最好是真实的。然后我目睹了有人不得不承认自己的错误选择和自己多么不专业，这对他们所有人来说都是一个教训。我还问了那个团队，为什么他们不让领导者为自己的不专业负责。我估计这群士兵再也不会想偷奸耍滑了。

保持勇敢

保持勇敢是我的一个核心价值观念（或为价值标准），这样我才能敢于抵制我可能产生的任何黑暗想法（偷奸耍滑的诱惑总是存在）。哪怕在最好的团队，这些想法的产生也是不可避免的。

将公平、正确和我们所坚持的指南针的其他部分联系起来，这种能力至关重要。这种能力需要有自我意识，这样我们才能展示我们对他人的要求。我们的精神特质成为我们的身份或品牌：它定义我们的品格、行为和“我们是谁”的内核。我们如何看待自己和他人如何看待我们，是推动我们表现良好的重要因素。我们不想让自己失望，也不想让别人失望，尤其是当我们认同这套价值观念并希望以此作为评判标准的时候。

> 关于什么是一个好男人，别再浪费时间争论了。去做！
>
> ——马可·奥勒留

我们的价值观念很重要，因为它们会影响我们的行为，因此我们必须拥有积极的精神以发挥我们真正的潜力。如果我们的想法与自私、嫉妒、贪婪和仇恨等相关，那么我们就失去了积极的精神，而这将限制我们在生活中所做的一切，最终将自己套牢。

如果我们能找到一种轻松实现“超级北极星”的方法，但这样做的前提是我们必须欺骗、撒谎或违反规则，我们会这样做吗？ 这样做符合我们的精神特质吗？

我们可以有一套完全为自己服务的价值观念，许多人都如此。我们可以有一个目的、一套战略和一腔没有精神内核指引的奋斗热血。但如果我们撒谎、欺骗和偷窃，自私地追求我们的目标，不考虑他人或社会成本；如果我们找借口，指责别人；如果我们固执地重复错误或刚愎自用，无视他人的建议——我们早晚会露馅，会失败。

有次比赛，一位朋友抓住我胳膊告诉我他知道一条穿过森林的捷径，那样我们可至少休息 15 分钟。这是一个利用更多的知识在竞争中领先的机会，但显然这条路线在地图上有明确的标记，所以这可能是作弊。我告诉他我们应该坚持原路线。结果确有两组人决定走这条捷径。他们失败了，因为有人埋伏在这条路上，记下了他们的名字。

即使我们以某种方式逃避了暴露于人前，我们依旧要面对自己，因为我们只能欺骗自己一段时间。这真的是我们想要的生活方式吗？我们希望取得的成就受到这样的玷污吗？想想兰斯·阿姆斯特朗[①]和兴奋剂丑闻对他的影响。纵观历史，在体育、金融及其他领域，有很多人缺乏正面的精神。对他们来说，人生的结局并不好，历史也不会友好地记住他们。

> 人做的坏事死后还会流传。
>
> ——威廉·莎士比亚

坚持原则

面对重压，我们的精神特质是我们的基石之一。当我们

① 兰斯·阿姆斯特朗（Lance Armstrong，1971~），出生于美国得克萨斯州普莱诺，美国职业自行车运动员。他于 1992 年开始职业生涯，1996 年身患癌症，艰苦治疗后于 1997 年重返赛场，19 年的职业生涯中 10 次参加环法大赛并实现环法车手七连冠。2012 年，美国反兴奋剂机构宣布剥夺深陷兴奋剂丑闻的兰斯·阿姆斯特朗 7 个环法自行车赛冠军头衔，并且终身禁赛。——译者注

的价值观念牢固到位时，它们无可撼动。于是无论面对何种逆境，我们都能抵制放弃原则的诱惑。即使我们有更容易的路径，或者替代路径是最实用甚至唯一的选择，我们的精神特质也能确保我们不会忽视生活中真正重要的东西。最终，我们决定是否愿意在价值观念上妥协，为此我们需要勇气。有了勇气，所有价值观念都会坚如磐石；没有勇气，任何价值观念都将不堪一击。

当我第一次进入商界时，我面对的是我在之前从未遇到过的道德抉择。例如，我加入的第一家公司就没有合同。我们的合同是一次握手，我保证我将和他们在一起一年。不久之后，一家国际公司找到了我，提供了三倍的薪水、大量的差旅费并要对我委以重任。

我很想跳槽——谁不想呢？我并没有马上拒绝这个提议，但是抵制诱惑是一个“英雄”所面临的挑战的一部分。我们所说的话有什么意义吗？如果没有意义，那什么使我们成为我们呢？我的价值观念之一是信守诺言——这关乎我的声誉。这意味着我可以有一个纯净的良心，任何和我一起工作的人都知道我将永远信守我的诺言和我们达成的协议。所以，尽管最后我受尽金钱和兴奋的诱惑，但我还是觉得接受提议是不对的。我拒绝了这份工作。我们必须有真正定义“我们是谁”的特质和我们愿意为之奋斗的、不容妥协的价值观念。

从那以后，我与公司领导就他们的精神特质进行了多次讨论。可悲的是，有些人只是毫无信念地使用时髦词汇。因此当一切顺利时，他们可以声称自己有高标准；但当事情进展不顺时，他们会寻找借口，以一种完全不同的方式为自己的行为辩解。当他们如此易于放弃自己的精神特质和价值观念，所谓的精神特质和价值观念就没有了任何意义。这种想法不会激发忠诚或信任。精神特质实际也不会起到导引作用。

我最近参与了一项商业交易，其中一位参与者的行为违背了他之前宣称的核心原则。他决定取消与超过二十年的老朋友订立的合同。这是一份“握手协议”，他产生这个念头前，他们从不需要用法律文件来约束彼此。之所以这么做，完全出于他太自我和金钱的诱惑。从那以后，这个人愿意做任何事情来弥补这个决定，因为他不仅失去了朋友，也失去了身份和名誉。他的商业冒险最终失败了，以前的同事没有一个愿意和他共事。由于人们不信任他，他失去了许多其他的机会。他的精神内核崩坏了，挣扎着审视自己，找回自我。当然，我们总是有可能在判断失误后挽回自己，而他正在努力做到这一点。但无论如何，重建他的声誉将是一项漫长的工作，他还有很长的路要走。

个人与团队精神

精神特质不仅是个人的，还有我们所在的任何团体的：

一支运动队，一家公司，甚至一个朋友圈的。重要的是要知道我们个人和团队的价值观念是一致的。理解他人的精神特质可以帮助自己理解是什么让我的团队成员行动起来，以及我们如何在达成共识的基础上一起工作。任何团队的基础都是团队在面临压力时成员所采取的行为和对彼此的要求。这是我们作为一个团队的本质。

团队的精神特质、品牌和价值内核是成功的关键。一旦它与战略家和勇士联系在一起，这些精神特质、品牌和价值内核便能让所有东西紧紧聚集，把集体的思想和心智浇筑在一起，成为团队的指南针。当缺乏统一元素，但必须作为一个整体来执行的团队聚集在一起时，这尤其有用。我最近在一家商业银行工作。多个极具才华的人负责各个部门，但他们不认为大家是一个团队，因为他们觉得缺乏共同目标。当然，简单明晰的事实在于，如果他们之间能够成功地合作，包括银行本身，所有人都会受益。当有人向他们指明这一点时，他们就会团结起来，保持战略一致，并作为一个团队改进他们的工作实践。这种方法现在已经被他们的国际部门采用。

我加入空勤团的时候并没有意识到，一起上空勤团选修课的人都经过严格测试，意志坚定、自我要求高。这并不意味着与我一起工作的团队成员们难以相处，事实上在一些团队中工作非常美好，宛如梦幻。而成员们普遍的意志坚定和自我高要求给了我们所有人共同语言，帮助我们找到合作的方式。

空勤团的宗旨是明确的，没有商量的余地，它经受了 75 年的时间考验。我们被要求信奉这个组织的宗旨，要么成为这个团队的一分子，要么走人。所需的标准是：

◎　对卓越的不懈追求

◎　最高的纪律标准

◎　在无等级结构中运作的能力

◎　幽默和谦逊

空勤团的精神特质是成功的，因为一旦我们坚持它，我们就会通过不懈努力来提高自身表现和技能。我们的纪律性使我们作为个人和团队都能对自己制定的标准负责。在没有等级结构的情况下运作，意味着我们都有发言权，有权领导团队和承担责任，有能力在必要时服从。谦逊提醒我们每个人都很重要，不管他们的角色是什么。幽默帮助我们度过最黑暗的时光，让我们铭记从事这项工作的原因：我们热爱它，它让我们心情愉悦。

就像个人坚持个人精神特质至关重要一样，团队应专注于他们的集体精神特质并忠实于他们的价值观念。我经常和一些团队合作，他们的精神特质仿佛镌刻在石头上般岿然不动。但是，在逆境刚刚显露时，他们的行为似乎就会动摇。如果我们共同声明正直是我们精神特质的一部分，那么我们就需要在任何情况下都忠于正直。

为了鼓励这一点，当某种行为标准得不到支持时，就会产生恶劣后果。后果不是惩罚，这是为了让每个人都注意到这些失误，更为紧要的是让人们记住自己的价值观念以及为什么这些价值观念如此重要。

在追求目标时，积极正面的精神特质对于个人和团队都很重要。但是在我们能够确保按照自己的价值观念行事之前，首先我们需要确定自己知道我们所坚持的是什么。

行动要点：

定义你的精神特质

你认为你的精神特质由哪些因素构成？你知道你坚持什么，你的核心价值观念是什么吗？写下来，然后想想，听到别人用这些价值观念描述你，认识你的人会赞同吗？

选择 3~5 个你认为可以定义自己并且被过往证明的行为标准，例如正直。这些词要能清楚明白地列出行为表现，而这些行为表现则再现你性格特征中的某一点。

你是否始终如一地按照自己选择的词来行事？你能想出一些你没有这样做的例子吗？

把你选的词写在你的人生地图上，把它们清楚地标记下来，从而你每次看人生地图时都会想起。它们可以帮你决定符合你特定价值观念的行动方针。

想想你钦佩的榜样的精神特质，他们的精神特质中哪些元素是你最敬佩的？在你的生活中哪些人以何种方式塑造了你的道德观念？你不钦佩哪些人的精神特质？

我了解我做事的初衷，我做事时与我的初衷保持一致 □

我谦虚 □

我对自己很满意 □

我是真实的：我所说、所做、所感觉到的与我所想的一致 □

我始终如一：我可以信赖，我总是按照我所说的和我的价值观念行事 □

当我的价值观念受到挑战时，我总是挺身而出 □

我对自己的行为负责 □

我同情别人 □

我的价值观念使他人受益 □

在我违背自己的道德观时，我会意识到这一点 □

如果你在一个团队中工作，给你所在团队的精神打分：

我所在团队的精神特质与我自己的精神特质是一致的 □

我们的团队有一个明确的行为准则，并且始终如一 □

我们要求彼此对这些价值观念和绩效标准负责 □

我们的团队成员互相尊重，互相关心 □

我们的团队成员互相支持 □

我们的团队内部以及对外沟通都很流畅 □

我们在个人层面上相互了解 □

我们的团队理解并欣赏每个成员的独特能力 □

如果你在某方面得分是0~4，那么在此方面你必须加以改善，因为这对你来说是一个弱项，会影响你的表现。如果你的得分是5~7，那么在此方面你尚有改进的空间。如果你的得分是8~10，那么你做得很好！

现在计算你的平均分，上面的评判规则也适用。

在这些练习的最后，你将更好地理解你的精神特质和你团队的精神特质（如果适用的话）。它会告诉你，在你的人生旅途中，你是否需要培养自己的性格特征，以及你是否相信自己能够在艰难抉择面前忠于自我。

当你需要做出决断时，你不仅要保持自己的精神特质，还要做出计划和准备。这些都是制定策略所必需的。

第4章 战略家

我们人生罗盘的下一点是“战略家”（Strategist）。要实现目标，设计战略、掌握实施战略的行动计划至关重要，然而这也是勇士们经常忽略的方面。

我自己也曾因忽略罗盘的这部分而深感内疚。当时我 27 岁，身披戎装已 9 年，在特种部队服役 5 年。那天，我正坐在反恐小组的乘务室，军士长进来了。

“伍迪，副官想见你，马上。”

军士长看着我，满怀期待地说。我不知道副官为什么要见我，从军士长的口气里，我感觉到这不像普通的社交谈话。

我回顾那年所有自以为能够躲过惩罚的秘密：曾卷人一场争斗（老实说，不是我的错），发生过一次令人不悦的争吵（可能是我的错），借一艘军用船和家人度假滑水（当然是我的错）。去往副官办公室的路上，我为能想到的状况准备了些应对之词。

我认识杰克副官很长时间了——事实上，我们之间的友情历经酸甜苦辣。我和他曾棋逢对手，也曾并肩作战，无论清醒或迷醉间都曾惺惺相惜地针锋相对。因此，被传唤的正式感让我更加不安。我敲了敲他的门，得到许可，就小心翼翼地进去了。

“弗洛伊德，坐。”杰克一边先跟我聊了聊运动和家庭，一边冲了两杯咖啡。他递给我一杯，然后单刀直入：“朋友，你在计谋策划上略逊一筹。你躲在自己的象牙塔里不出来。他们认为你在实战中无疑拔得头筹，但其他方面就差远了。”我顿时僵住了，怒从心来，不禁在椅子上挺挺身。

“什么意思？”我咬着嘴唇问。

“噢，没人怀疑你的能力，但你在谈判沟通方面做得不好，且过于固执己见。有人说你不能顾全大局，对那些达不到你所定高标准的队员有些轻视。”

我意识到自己在苦苦寻思“他们”是谁，寻思如何与这些人“交涉”，但也意识到，这种形式的“谈判”似乎并非证明我沟通能力的最佳方式。

“你认为自己是一个有团队精神特质的人吗？”杰克继续说道。

“当然。”我生气地回应。

“告诉我你感觉自己在哪个团队中最有归属感？”

我本想说我当时所在的团队，但看到杰克的表情，我停了下来，突然意识到自己不仅仅隶属于某一个团队，而是需要对每个团队恪守忠诚。那么说更大的团队呢？那些与我并肩作战并支持我的其他团队呢？我和整个组织乃至自己的分队关系如何？我是更大团队的一员，还是仅为某些项目而聚在一起的战略联盟中的一员？我与某些团队配合默契，但与某些不尽然，这如何解释？

杰克沉默了半晌。过了会儿他说："你认为我们应属于一个团队吗？我的意思是，我们是一个组织，为这个组织工作的所有小组凝聚成这个团队。你认同我的观点吗？"

"我们应该是一个团队，事实上我们必须是一个团队。这是我们在竞争中保持领先的唯一途径。"我如释重负地说道。

杰克点点头。"你是个了不起的战士，如果成为同样优秀的战略家，你将所向披靡。把这些和你的核心精神结合，就能实现你想要的改变。学会计划和寻找同盟，只打正确的战斗，而非全部都打。摆脱狭隘的个人英雄主义，向更高更远的目标迈进！"

杰克的话让我心服口服。我的信念存在缺陷，需要更新。

我点点头并对他表示感谢："我知道要做什么了，改进！"

他笑了："那现在就去做！"

他低头看起书桌上的报纸来——对我的训导课就这样结束了。

战略的重要性

战略对帮助我们实现目标至关重要。一旦有战略在胸，我们就会更加容易地战胜各种不确定性，就像下国际象棋，最小的棋子如果位置放得恰如其分，就可以扮猪吃虎。苏珊娜 · 赫德森（Suzanne Hudson）在我 10 岁时给我上过一课——我毕生不会忘记的失败经历。战略的关键是确保目标清晰，以及拥有随机应变的制胜战术。这样有助于我们树立短期、中期和长期阶段性目标，并找出实现路径。阶段性目标可以是一场战斗的胜利或一次谈判的成功。有了阶段性目标，在推进复杂事务时，我们能高屋建瓴，化繁为简；实现单一目标时也能专注执着，如减肥塑身。阶段性目标不分大小，它

们同样重要，都可使我们在整体方向不明朗的艰难时刻保持前行，在征服大的挑战时阻力更小。

我们要把自己打造成真正的“战略家”。战略家通过逻辑性和客观性的方式运用智慧，伴之极大的耐心和最少的情感。任何值得拥有的东西都需要时间去实现。这并不意味着我们不应该继续推动自己前行，而是需要认识到成功不会一蹴而就。

第一步是确保安全——无论是作为个人还是公司，例如，确保我们周围是正确的人，经济稳定、具备所需技能的人。还是用国际象棋来类比，我称之为“保护王后”。然后，才谈得上“吃掉国王”，如击败竞争对手，抢占市场份额等，最终实现目标。

培养战略能力

在相当长的一段时间里，我最缺乏的就是战略能力。我往往逞匹夫之勇，一味发挥个人英雄主义精神。犹记上学的时候，一场板球比赛开战在即，我与体育老师蒂芙尼先生一起讨论战况时突然意识到自身战略能力的缺失。

“那比赛计划呢，弗洛伊德?”蒂芙尼先生说。他想知道我是否从对手角度研究打法，对上场击球的战术有何准备。通过与他切磋各种战略，我醍醐灌顶。我意识到要为每项运动制订计划，每次参赛前也要制订计划。从那天起，每次上场前我都会从计划出发研究行为动作。我开始接受计划培训，为自己设定目标和时间表。对我来说，每次训练不仅仅是一场比赛，在战略提升方面还有非凡的意义。我开始分解成功所需的步骤。我不需马上变得完美，只要朝着一个可实现的目标坚定而切实地努力就可以了。一旦成功，我就再次定位，朝着下一个目标前进。

不幸的是，尽管意识到战略的重要性，在我年轻的时候，我依然未能完全改掉有勇无谋的作风。我往往任凭热情战胜理智，以一腔热血开展大多数项目。这种求胜心切的状况导致我屡犯错误却不能从中吸取教训。结果事倍功半，往往比先花时间把事情想清楚更费功夫，取得的成就也更少。我还没有意识到自身天赋不够，需要在热血的勇士精神和深谋远虑的战略家智慧之间取得平衡。我急于求成，想要在第一天就至臻完美，这反而阻碍了我的发展——我一直求胜心切，而非专注发挥能力并顺其自然地正视结果。

在后来的军旅生涯中，我开始花时间培养自己的战略技能并受益匪浅。我变得更冷静，意识到我不必参加每次任务，同时努力做到更高效地与人交流。当然，有些人在这方面已经很出色，但他们也许要锤炼自己的勇士精神。记住，没有实际行动的战略只是空头理论。

我在情报机构有些好朋友，其中一位堪称杰出的战略家。他能在瞬间抓住问题的要害，并在几分钟内制定出一个解决方案。在我们一起探讨本章内容之际，他很快承认了自己确实需要加强勇士精神的一面。我还认识一位杰出的跨国公司首席执行官，他亦是长于战略而乏于实践。当时这位 CEO 正对另一家公司虎视眈眈，意欲将其“野蛮”收购，但团队成员却与他意见相左。他很快就对各种情况了然于胸，也制定了实现目标的战略，不料执行计划前却犹豫起来，因为他想要更多信息。在他踌躇的当口，经济形势悄然变化，他的实力由强变弱。尽管他仍能挽回局面，拯救公司，但事实证明，相比早采取行动境况已经艰难得多。他从这次经历中吸取了教训。我没见他再犯执行力延迟的错误。他坚定提升了自己勇士精神的一面，该出手时就出手，成就了如今的一切。

> 真正成功的决策，取决于思虑和直觉两者之间的平衡。
>
> ——马尔科姆·格拉德威尔

在决定从商后，我在战略技能方面受到了严峻的考验。我不再是对工作和同事了如指掌的职业军人，而是一位初出茅庐的商人，我甚至不知道自己有多么稚嫩。我肯定要得到无数次深刻的教训，我需要从中快速学习。其中的重中之重是，我需要一个明确的战略，并在其指引下步步为营。这里的一切看起来仿佛欣欣向荣。开放式的办公室很宽敞，墙壁周围装饰着木镶板。每天都有鲜花放进橱窗。一张大橡木桌摆放于办公室中央。天花板的玻璃吊灯把整个房间照得明亮。总之，房间明亮宽敞、板正通透，气氛与之前迥然不同。

在伦敦梅菲尔区[1]黄金地段的这间办公室里，四张办公桌中有一张属于我。这是我在商界的首次冒险，我兴奋异常（我对尝试新事物一向如此），也有一种正常程度的忧虑（一路走来领教的）。我刚刚成为该公司的董事，这家公司正在收购安全与技术领域的其他几家公司，以形成一个强大的联合体。

我们认为，将所有鸡蛋放在一个篮子里而非外包，使我们能和对手区分开来并在竞争中处于领先地位。我们有强大的资金支持，前景一片光明。

不幸的是，成功有时需要好运的加持。虽然不是每天、每时每刻都需要好运。正如拿破仑在谈到他的一位军官时说："我知道他是个好将军，可他幸运吗？"我们的公司并不拥有好运气。在我上任后不久，金融危机一触即发。几乎是在一瞬间，我们失去了金融杠杆支持，因为投资者撤资了。这暴露出了我们公司的弱点。

① 伦敦梅菲尔区（Mayfair），整个伦敦地价最高的地方，是石油大亨或者金融巨头聚集的地方，伦敦人眼中真正品位的象征。——译者注

尽管我们想象中的强大联合体已经建立，事实上它的内部并未构筑信任机制，整个集团也没有整体的士气。我们在一些领域投入过多，而对其他领域关注不足。我们行动迟缓，无法应对不断变化的形势。联合体中只有一家公司在赚钱，但对前景的预判过于乐观，规避风险的工作做得不充分。况且，在经济寒冬，这种乐观情绪只是基于种种承诺，而最终，这些承诺成了一纸空文。

就这样，我面临失业，首次的试水以惨败告终。

在计划执行期间，我们必然会面临须重新评估计划并适时做出调整的情况。正如德国陆军元帅赫尔穆特•冯•莫尔特克[①]所说："任何作战计划在遭遇敌人后都会失效。"我们必须随时准备好根据情况变化调整战略。实事求是地说，我当时没有，现在也没有认为这次经历彻底失败。在这次经历中，我学会了相信直觉，认识到保持企业内部和外部信息流畅尤为重要。只要我们汲取教训，不犯同样的错误，持之以恒地前进，就没有失败。

分析信息

战略家要想成功，正确分析信息以制定战略至关重要。我们需要利用资料，理解资料，并确定资料是否具备参考价

① 赫尔穆特•冯•莫尔特克（Helmuth von Molt ke，1800~1891），普鲁士和德意志总参谋长，著名军事家。——译者注

值。与此同时，还要从实际出发并摆脱情绪干扰，切勿让感觉蒙蔽判断。

我最近遇到一位非常有才华的研究人员，他对于想要成为什么样的人，多次改变想法。这位研究人员起初想当医生，但没能在“英国高考”（A-level）中获得理想分数，索性搞起了研究。然而在读博士时，他意识到周围人实际上都比自己有才华。他很现实，接受了这一事实，再次改变了方向，转而进入媒体界致力于向大众和记者普及科学现象。他找到了自己的人生目标，做了自己擅长和喜欢的事。要取得成功，这种诚实的自我评价至关重要。

有时进行客观评估可能非常困难，比如，我们从零开始创立的公司，过去 20 年已经成长为某领域最受尊敬的公司之一。然而天有不测风云，外部环境一旦发生变化，我们就要重新挖掘目标市场或研发新技术，并努力训练自己直面现实的能力，从而做好采取下一步措施的准备。我曾亲眼看见遭遇如此境况的团队，当时石油价格跌至历史最低点，转年市场也并未回暖。然而，团队理性客观地对其境况进行了全方位分析。他们评估了公司的市场地位、产品竞争力、人力资源配置和运营成本。他们实事求是的评估堪称典范，特别是还要同时直面自己和他人遭遇变化的后果——多人失业，在极其艰难的人才市场寻觅工作。他们研究了如何使企业业务适应未来市场，进一步改变现实处境的可能性有多大，预判了危险和风险，厘清了事实和假设。在此期间，团队中没有人仅考虑自身职权、自尊心和职业野心。然后，他们将信息全部共享，并作为一个团队全力执行计划。我很幸运能在很多场合亲历他们的表现，看到以这种方式同心协力工作的团队，着实令人鼓舞。

> 良好决策的关键不是知识，而是理解。
>
> ——马尔科姆·格拉德威尔

我经常看到人们过于情绪化地处理战略问题。我曾与一位商界女性一起工作，彼时她正磨刀霍霍地准备收购一家外国信息公司。她坚信并购会增强她现有公司的实力。

这是一次冒险的收购，需要辞退那家公司的许多员工。她最终完成并购，但是，并购完成后经济和政治局势突变，这家公司成了不良资产。当时的明智之举是将其立即转手出售。不幸的是，她想到并购如此艰辛，决心将公司保留下去。她在这次并购中倾注了太多个人感情，忽略了针对事实的理性分析、收集的数据以及他人的建议。最终她被迫放弃这家公司，损失惨重。事实上她几乎失去了两家公司，满盘皆输。

在给出任何数据时，我有 3 个简单的原则：

1. 不要带着感情看信息。

2. 保持相关性。如果信息不能让我们更快、更强、更聪明或更富有，那就弃之不用。

3. 保持简单。不要被信息淹没。如果看不懂，就不使用，因为用了别人也不懂。

我最近和一个国际运动队一起工作。这个队正在研究最近一场比赛的信息。他们可以从电视摄像机、每个球员携带的监视器和各种电脑节目等途径获取浩如烟海的信息。所有人都忙着评估这一切，分析对手成功进球的原因。他们忙得晕头转向，进行大量复杂的统计和分析，花了很多的时间才找出真正的原因。事实上，肉眼观察本可一步到位，那就是对方开始进攻时，7 名防守队员中有 5 名碰巧转身了。因此，尽管这些球员最终都处于正确的击球点，但是没足够时间做出反应，未能进行有效防守。如果首先关注容易取得的信息，而非纠结于复杂的信息之中，他们将省掉 5 个小时不必要的分析和 3 个人的工作量。

制定战略和行动计划时，我还会考量以下 6 个问题：

1. 我的目的是什么，最终的目标是什么？

2. 我的信念是什么，它将如何影响我的计划和行为？

3. 我需要做什么，我可以把最终目标分为哪些阶段性目标？

4. 我如何衡量自己的成功？

5. 我将做出哪些改进或改变？

6. 我将留下什么影响世界的东西?

在军队的时候，我曾应邀主持一个有关步兵部队未来发展的会议。我负责调查部队在现在和将来所应具备的各项军事力量，还需考虑各种因素，对建设每项军事力量进行成本和收益分析。我必须把我的发现和改进计划汇报给组织中最资深的人员，这些人员都对履行自己的责任充满激情，且载誉累累、才华横溢、作风强硬并不屑于做出改变。不止一个人告诉我，他们很欣慰传递这个信息的人不是自己。会议开始的时候气氛很紧张，因为每个人心中都打好了自己的算盘。

但我确信我知道该怎么做。我有明确的目的——我要不偏不倚地确保我的组织的未来，并针对组织成员未来可能发生的行动进行最有效的培训。我知道，在与组织价值观念保持一致的基础上，我能够坚守自己的信念，真诚勇敢地讲明事实及随之而来的艰难决定，不惜冒犯更高级别的人员。我要保持镇定，用开放的心态倾听他人提出的观点。我也可能不小心引发争端，为此我做好了准备。

我解释了要做什么，然后，将任务细分为数个具有重要意义的目标。一个接一个，我在黑板上写出来所有相关要素：各区域组织培训和业务运营的时间，最后一次运营所需的技能和能力，目前业务覆盖的地区，现有男性员工数和招募更多男性员工的概率，团队所缺乏的技能，等等。陈述事实的好处在于没人能反驳事实。我已初战告捷，因为上级已意识到现状确实要改变。上级可以预见这个单位未来的成功，现实地看，这样的话我们至少可着手分析可改变和提升的领域。

以上是我允许自己改变计划的所在。我确保自己认真倾听任何别人提出的问题，保持冷静，为任何可能发生的冲突做好准备。此后，我们共同找出该单位 30 多年来没有完成和亟待建设之处。因此我们可以问自己，是否仍然需要这种能力，或者是否可以将培养这种能力搁置一旁。

我们充分了解了我们想要在世上留下的东西，很快，我们便对可以实施的行动计划达成一致，那就是对单位进行调整，使其能在未来多年以有效方式运行，为此，我们竭尽所能。

> 在准备战斗的过程中，我总是发现计划无用，但计划必不可少。
>
> ——德怀特 · D. 艾森豪威尔

信息对于帮助我们制订计划至关重要，而计划是制定战略的基石。我们无法预见未来，也不知道生活的盒子中下一颗巧克力是苦是甜（这就是为什么我们说计划需要有适应性）。但是，我们至少可预见一些可能在人生旅程中出现的障碍，并为之做准备。

我们虽然必须进行一定程度的规划，但也不要陷入过度思考的怪圈。过度思考的支持者被称为“影子战略家”。他们过度分析，不停地收集越来越多的信息才能做出决定。他们保持中立，试图看到硬币的两面，但在两种选择间摇摆。他们沟通不畅，方向不明。

他们对将信息分享给别人有所保留，身段不灵活且心存不切实际的幻想。他们缺乏令他人信服自己计划的能力。他们的计划也常常缺乏实质内容和细节，更对突发情况缺乏充分的准备。他们过于突出自我意识，不顾他人需要。他们满足于谨慎行事，强调安全性。这些人要增强战斗力，要行动起来。没有行动的计划不会帮助团队前进。

为突发事件做准备

在为突发事件做准备时，我们需要注意很多事情：政治环境、经济形势、个人健康，甚至天气情况。生活变数很多，只要可能，我们就要为其中的某些甚至所有变化做好准备，并相应地调整计划。我们很难为每一种可能的情况做好准备，但我们预见的可能性越多，就越容易在变化中找到方向，我们前进的安全系数就会越高。

与生活中的成功异曲同工，军事上的成就也并非出自偶然。这种成就既立足于想象力，又要循规蹈矩。作为一名士兵，我使用地图——大脑中的和纸质的——来预演每一项任务规划。首先，我会将计划路线上可能发生的一切可视化。我会先决定落脚点，然后思考团队在抵达每个落脚点之前必经的路程。然后，我会想象去往第一个会合点的路线、地形类型和潜在障碍物。我会考虑敌人可能潜伏在哪里，在做什么，我们要在什么样的气候和地形下作战。我会预测并列举这条路线上所有可能的突发状况，以及我希望团队面对意外事件时具体如何应对，例如，要确保团队出于任何原因分散时每个人都知道应对流程和紧急会合点。

只有当这幅地图在大脑中成型后，我才会把计划写出来。然后，我会把每个阶段再分解，确保每个成员都清楚自己的任务要求。我会对他们挨个询问一遍，以防遗漏和误解，从而能带领团队从头到尾地推演。之后，我们就开始不舍昼夜地演习。

我们尽可能做好准备，来应对沿途可能发生的不测。这就是与战略对应的战术，任何人都可以采用。这一系列战术包括：可视化旅程的每个步骤和里程碑，清楚描述可能遇到的所有障碍和突发事件，确保需要的技能得到充分的实践，并与团队、朋友或家人讨论以确保不会错过任何步骤，每个人都方向明确且权责分明。我认为很多企业如果照此程度研习战术，定会受益。

沟通和谈判

计划一旦出炉，有效地与每个人沟通便成为关键。优秀的战略家能通过任何媒介实现有效沟通。通过良好的沟通，我们能够建立团队互信和合作的基础，能够激发创意的火花并传达复杂的信息。沟通是指发挥情商、通过情感层面的交流来构筑统一战线，使团队成员对彼此信心满满。由此，团队成员拥有了共同奋斗、研讨和解决问题的能力。在我看来，这是一种最高形式的沟通，使团队成员可以在没有绝对权威的情况下为同一个目标努力。

与我共事过的许多领导者都是杰出的战略家。但不幸的是，他们的沟通能力往往不足。他们认为其他人本能地理解他们的想法，以至于有时完全忘记告诉他人自己的想法是什么！

有一次，我和一名郡警察局长待在设备控制室，他正在指挥一次反恐行动。我问他目前的计划是什么，他给我讲了一遍堪称完美的行动方针。我问他是否每个人都知道这个计划。他不解地看着我说："当然，弗洛伊德，这还用说吗？"我笑着说："哦，如果你未实际向人们介绍过，那他们不一定知道。"

学会谈判对沟通非常重要，我早年从父亲那里学到了相关的经验。父亲是个出类拔萃的买卖人，他撮合生意的经验在我后来生死攸关的谈判中都派上了用场。当然，父亲的经验并非永远奏效，但的确非常重要。

记得有一天，父亲在中午 12 点还有三盘草莓未售出。这三盘草莓不再可能以早上新鲜时的价钱出售，而且一小时后批发市场就要关门，它们将一文不值。但看到有位商贩从一个摊位走到另一个摊位，爸爸马上让我在这三个货盘上都贴上"已售"标签。我有点困惑，但还是照吩咐做了。

这个商贩来问我们还有没有草莓，爸爸面露难色。"抱歉，迈克，"他说，"今天上午的几乎都卖完了。"迈克向后看看，扫到了那三盘。"那些呢？"爸爸沉思了一会儿，看看自己的销售记录本，然后走到那三盘草莓前，几乎是无可奈何地说："看，迈克，约翰斯顿订了，还没把货取走。但我把货给你吧！不加价了，按今早的价格卖给你。”结果，这个人不仅按早晨的价格买下，还百般热情地表示感谢。真是绝好的交易！每个人都很开心。我多次目睹爸爸做成这种生意——他甚至可以把牛奶卖给奶牛。潜移默化地，他成了我谈判方面的启蒙导师。

在我自己的孩子们还小的时候，我就向他们渗透谈判的艺术。妻子一旦不让他们做什么，孩子们的第一反应就是恼火。然而，将“恼火”作为谈判策略，还伴随抱怨、噘嘴和生闷气，天底下的母亲都不会妥协。

我悄悄告诉孩子们，想要和妈妈建立融洽关系，只有通过建立信任和培养感情，才有希望改变她的想法，老师、朋友还有以后的同事也莫不如是。从那以后，三个孩子都很有效地利用了这个谈判策略。但是，每每发现自己不情愿掏了腰包，或许诺了一件从未打算要做的事情，我便真心希望自己教孩子们的谈判秘籍这一套没那么成功。

大女儿瑞安侬曾经笑容灿烂地宣布她首笔生意做成，那桩生意她根本未刻意争取，就自己找上门来了。无疑，她的谈判策略用得煞是美妙！这是她刚加入通信公司做的第一笔生意，价值超过 280 万英镑。当时瑞安侬也只有 25 岁。

作为父亲，我深感自豪，想知道女儿生意做成的来龙去脉、前前后后的准备、制定的策略和完成交易的时间。她如数家珍地一一道出，同时，也吐露了这笔奖金的去处——一个漂亮手提包。因女儿买车曾从我这儿借过钱，我便乘机问现在是否为还老爸账的好时机。女儿毫不犹豫地说：“爸爸，您为什么要扫我第一笔大买卖的兴？您不觉得我应该得到奖励，激励我在未来做得更好吗？”辩论比分：女儿得 1 分，爸爸得 0 分。

在许多棘手的情况下，我的谈判沟通能力使我处于优势地位，而错失一步可能坠入万丈深渊。

> 学会不令人讨厌地表示不同意，你便发现了外交家最宝贵的秘密。
>
> ——罗伯特 · 埃斯塔布鲁克（Robert Estabrook）

“你认为今天会发生什么事，弗洛伊德？”此时，我正为有生以来最重要的会谈之一做准备，我的同事里克问道。

“谁知道呢，”我说，“但我们要满怀希望，认真思考，精心组织语言，拿好我们的枪。”

我的谈判对象是一位军事首领。为促使他签署更长时间的合约进行进一步谈判，我的任务是稳住他，使其履行目前的和平条约并暂时停火。我带了 8 个人的团队，在该国驻扎了逾一个月。我们几乎没有走漏任何消息，因为我们的部署速度让每个人都感到意外，但我们设法联系了所有派别的领导人，除了这位实力最强的首领之外。这次谈判云谲波诡，险象环生，远非言语能够描述。

我们还需与多国部队一起工作。眼下在商界，“跨国”这个词意味着规模庞大、实力雄厚。但在跨国部队中并非此意。它不仅意味着多种语言的使用，而且意味着多种指挥结构、命令、通信设备（有时取其字面意思“不同波长的”）、国家政客和媒体。如果管理不当，可能会使多国部队陷入国际政治旋涡，为各自的国家利益发生混战。即使不同的军事力量在各自的最佳状态下发挥作用，它们之间也常常会目标不一，各行其是。

当地武装派系领导人清楚多国部队这一痼疾。由于多国部队缺乏明确目标和对结果的预判，当地武装派系花了几个月的时间乐此不疲地挑拨多国部队内部的关系，制造了无数虚假的承诺和错误的噱头。有一次，多国部队谈判人员在会议结束后认为他们取得了成功，结果发现他们来谈判时所乘车辆已被地雷包围——确切地说，他们哪儿也去不了了。

所以，我们对营救被困的同行很是厌倦，决定另辟蹊径抓主要矛盾，先拿下这位军事首领。因为他最有实力，如果他妥协，其他人可能会一泻千里。不幸的是，尽管我知道我们期盼的结果，但也知道自己无权无能强行解决这个问题。

这里不能用空袭来恫吓。我要开展没有权力震慑的领导和最高形式的沟通。

我做了尽可能多的准备。我知道自己的目标和策略，我设身处地想其之所想，需其之所需（二者不能苟同）。但是计划往往在与对立方交手之时土崩瓦解，于是我与一名同事进行角色预演，以备各种不测。他扮演军事首领非常到位，不断声色俱厉地羞辱我。

在任何谈判中，我们把对方了解得越清楚越好。如今，我们可用谷歌、脸书、推特、博客等获得更多信息，从而实现对一个人快速全面的了解。但我们想找的人除外（很多军事首领的博客除外），所以虽然我们能对他的强项略知一二，但内幕信息仍然一片空白。

然而，我设法与他的副手建立了某种融洽的关系。他 30 多岁，身材瘦削，英语说得很好。我们握手时，他注意到我的指关节和手指有点脱臼，很有礼貌地问了我一些问题。“打仗留下的伤口吗？”他说。“拳击。”我回答道。他付之一笑。他告诉我，战前他的指挥官是位受人尊敬的柔道运动员。他还透露，不久前指挥官在战争中失去了一个兄弟。我也跟他聊了我认识的战斗中阵亡的一些人。这不仅强化了一种共识，还让对方知道我和我的团队不再是外交官，我们同为浴血沙场的男儿（他定会与我共鸣）。

我知道，从一开始，我就要灵活有效地掌控谈判进程和主动权。我计划使用在与警方合作中学到的基本的影响对方的技巧。这些技巧从罗伯特·西奥迪尼[①]所著《影响力：科学与实践》（*Influence: Science and Practice*）中提出的六大经典原则发展而来。

1. 遵守诺言：既然他同意执行这个计划，我就要他遵守诺言。

2. 确定时限：我要强调抓住这个机会的必要性。

3. 赠送礼物：奉承他，我会邀请他在不久的将来和重要人物共进正式晚宴。

4. 以柔克刚：我要强调我的团队是这个领域的专家。

5. 强调共同点：我努力使其相信我的团队不同于他接触过的任何团队，反而更像他本人和他自己的弟兄。

6. 正面比较：我将讨论伟大领袖的力量，他们在历史上的角色，以及他们用自身的正直来领导和创造未来的必要性。

换句话说，这就像一场象棋比赛。我不可能在最初的几个动作中获胜。但是，如果可以的话，我会让他感觉愉快、尊贵，并且希望他能够认同我的意愿。

---

① 罗伯特·西奥迪尼（Robert Cialdini），全球知名说服术与影响力研究权威。其著作《影响力》已被译成26种语言，在全球售出200万册，是《财富》杂志评选的75本商业必读书之一。——译者注

> 外交艺术就是让他人跟随你的艺术。
>
> ——大卫 · 弗罗斯特①

我们走进一幢白色大理石建筑，这是多国部队总部所在地。大楼外飘扬着多国部队的旗帜，会面将在里面举行。我把一些队员留在外面守卫，在军事首领及其随从到达时，通过无线电报告我们。然后我带人走到最后一个检查站，警卫核实了我们的身份证件并放行。

穿过大理石大厅后，我们走进会议室，装潢是气派豪华的商务风。墙上挂着油画，一张擦拭光亮的长桌上精心陈列着银质托盘，托盘中摆放着水瓶和玻璃杯。

我们的多国部队中，有四名指挥官来自其他国家。他们也将参加会议，已先莅临。他们身着干净笔挺的军装，裤线笔直清晰，军靴油黑锃亮。而且，因导弹前一天击中了总部外围地带，他们都身着防弹衣。

我穿着满身污垢的军装进来，系着一条装满弹药、口粮、水和装备的织带，背后挂着武器，未穿防弹衣。

① 大卫 · 弗罗斯特（David Frost，1939~2013），英国传奇电视主持人，采访过 7 位英国首相和 8 位美国总统，曾让尼克松当着全世界的面为“水门事件”道歉，让布莱尔承认伊拉克战争是一场灾难，他创造了“诘问式”的电视对话节目。——译者注

这四位指挥官各带了自己的翻译，我们却没带一个。从他的副手那里，我了解到这位军事首领会说英语，而且我发现，在过去口译员经常会对所讲的内容进行润色，不愿意翻译那些生硬、强势甚至粗鲁的内容。我不想去冒语意被歪曲的风险。

其他参与者的肢体语言立刻充满敌意，我得到一连串诸如点头、无力的握手和交叉双臂（这从来都不是一个好兆头）的回应。他们不高兴由我这个房间里级别最低的人来主导这次会议，尽管我暂时对外将自己从上士晋升为上尉，以便对方认为是在和一名军官打交道。我被负责这次行动的将军任命为指挥官，理由是我比在这个国家的同事有更多谈判经验。所以其他参与者着实无可奈何。这无疑增加了他们心中的不悦。

为了缓解这种不安，我首先解释说：我们需要一个共同的目标和明确的结果，我们只有一个小时的时间制订一个联合计划，起码要给对方留下一个协调一致的印象。这立即遭到了抵制，他们站在个人立场上声明他们的需求和关切，其间夹杂着一些“但那又能怎样”的聒噪。

我等了一会儿，温和地解释说，这次会面的目的是与军事首领建立友好关系，不能贸然行事。除非他确信我们准备从他的角度看问题，否则我们将徒劳无功。

我的解释没起作用。我的一个队员碰了碰我的胳膊，说还有 15 分钟。

是时候相信我的直觉了，否则什么也做不了。

我提议，我先做最初的介绍并宣布会议开始，然后我与军事首领交谈约 10~15 分钟，之后每个指挥官都可向这位首领阐述自己的立场且我不会打断。

他们仍然不高兴，但勉强同意了，然后开始争论应该以什么顺序发言。

“你为什么这样做?”里克嗤之以鼻。

“因为我知道他是个大忙人，”我以同种方式回敬，“我们的会议 15 分钟后结束。”

外边的同事们报告说军事首领已经到场。我深吸了一口气，浏览了一下我的清单：密切关注我自己的情绪，掩饰我对不得不和他人共同参加这次会议的不满；活在当下，警惕对手的情绪、语言和肢体动作；最重要的是，同情他和他的人民当前的处境，即使我无法苟同他的政策和军事行动。有时我们不得不和各种人打交道，无论我们多么看不惯他们的行径，我们必须说服自己坐下来和他们谈判。再次强调，在此情境下把个人感受置之度外实为重中之重。

> 让我们永远不要因为畏惧而谈判，但是让我们永远不要畏惧谈判。
>
> ——约翰·费茨杰拉德·肯尼迪

军事首领和随从进入房间，每个人都站起来迎接他。

第一印象效应已经是陈词滥调了。研究表明，人们百分之九十的看法是在前四分钟形成（和往常一样，我对其他指挥官的印象二分钟内便已形成）。大约四分之三的观点受语言之外的特征影响，比如外表。根据其他人的需要来着装是很重要的。如果我只是和其他指挥官会面，我的军装也会一尘不染，军靴和纽扣比他们的更亮。但这次另当别论，对方是一名尝尽战争之残酷的前线斗士。

军事首领把目光直接越过其他人，投向我和我的团队身上。我俩身材相当，我向他走去，伸出手来。他有力地握了握我的手，我也以同样的力度回握。我一直保持手伸直，面带微笑地直视他。我告诉他我的名字，重复了他的名字，然后介绍了我的团队和房间里其他成员。我指着会议桌主位请他坐下。我指出我是直接能向将军汇报的军官，将军对我们的会面进展非常关切（以柔克刚）。

接着我的一名团队成员端来一托盘咖啡。我给这位首领倒了一杯，又热情地招待他的副官。

我把自己安排在他身边，这样他就不得不转过身来面对我，而不是房间里的其他人。我问他是否愿意谈谈他对目前情况和他主要关心的问题的看法，以便加深我的认识。然后我停下来等他的回答。他没有马上回应，我也抵制住了打破冷场的诱惑。我能感觉到房间中的沮丧情绪，但我依然等着。

这位军事首领终于开口说话，他讲一口地道的英语：“你为什么不穿防弹衣？”

“因为我和你一样，是一名战士，”我说，“我相信自己有能力确保我的团队和我本人不穿防弹衣也能安然无恙。”

他微笑着点点头。“你觉得这里形势如何？”他问。

信任是任何谈判的重要基础。诚恳能使信任锦上添花，谎言会使信任功亏一篑。即使是最难相处的人，也宁愿接受残酷的事实，而非温和的谎言。

“我认为是时候为你们的人民进行和平谈判了，”我说，“没有永远的战争。所有士兵都明白，战争即将结束，重建时刻即将到来。这早晚会发生，唯一不确定的是什么时候。对于你和你的人民，我认为现在是时候了。这是领袖展示真正魄力的时候，因为说‘不’更容易。”（积极的比较。）

“你要知道，我在这场战争中失去了家人。”他回答。

“我知道，”我说，“我很抱歉，但我想到了那些未来仍可能失去生命的人。我知道，你和我一样有孩子。我的第二个女儿实际上是两天前出生的。我明白她永远不会原谅我错过了她的出生（事实证明她的确没有原谅我，她总是在需要被关注的时候旧事重提）。但我还是待在了这儿，因为维护这里的和平是我的首要任务。”

他停了一会儿，低下头来。

“我想你是柔道运动员吧?”我问。

他抬起头，笑了:“很久之前的事了。”

我们继续讨论各种徒手格斗的优点（共同点），我能感觉到房间里的人开始坐立不安，因为我并未触及正题。

最后，军事首领停顿了一下，说:“你的核心诉求是什么?”

在这样的关键时刻，最重要的是明确我们是否有权抓住机会并提出问题。我意识到自己必须抓住此刻。

“我需要有人勇敢地先退一步，我需要在这个位置移除一个检查站。”我在地图上指出他手下的一个检查站，这个检查站坐落在我们另一群人的管辖范围内。

“这恐怕不行，它在那儿保护着你呢，弗洛伊德。”他哂笑。

“多谢你，”我回之一笑，“但我们完全有能力保护好自己。”

他又笑了，并点头表示赞同。“我看看我能做些什么。”他让副手附耳过来并说了些什么，副手点了点头。我对他付出的时间表示感激，并问他我们是否可以再见面，能否共进午餐或晚餐（可为他再提供一些东西），他欣然同意。我知道是时候结束我在这次会议中的发言了，并把话语权让给他人。就在我这么做的时候，这位首领说:“抱歉，我被告知有人入侵，我必须离开。我的副手将留下来讨论你们所关心的问题。”

我们离开了会议室，12 个小时后我们目睹这方的检查站和混凝土建筑都被拆除了。之后我们就得以去其他派别，要求他们也这么做（同时遵守我们的诺言）。

谈判很少是单独的事件，多牵涉长期的关系。我参与过许多不同类型的谈判，每次我都必须了解对方的立场，以便与他们建立联系。没有共同利益，就没有相互理解；没有相互理解，就没有同一立场；没有同一立场，就没有相互妥协。这也适用于试图将任何人与我们的目标联系起来。我们必须将之上升到情感层面，建立融洽关系并取得相互信任。

但是有效的沟通只是成为成功战略家的一部分，首要的是明确我们的优势和需要改进之处。

行动要点：

提高战略能力

你拥有战略家的关键品质了吗？给自己打分，满分 10 分。和以前一样，尽量避免打 7 分。

我发现认清形势的真相是很容易的 □

我可以把复杂的问题简化 □

我不会过度分析信息，而且能抓住问题的核心 □

我能有效地分清轻重缓急 □

我的策略很灵活 □

我一直在思考各种可能的突发事件 □

我可以把我的策略清楚地传达给所有需要了解和实施它的人 □

我对我自己和团队的能力有切实的了解 □

我对目的是否可以实现有切实的了解 □

我在实现目的的工作期间保持耐心 □

我确保在适当的时间周期内做出决定，这样我就不会拖延 □

我能够抛开自己的情绪，冷静而理性地看待问题 □

我能够在不受自我干扰的情况下分析现状 □

我可以听取和考虑他人的不同意见 □

现在考虑一下你的谈判能力和沟通能力。与朋友或同事角色扮演是一种宝贵的练习方法，可以发现你的弱点，但首先要评估自己：

不管我自己的想法是什么，我都会认真倾听他人，以了解他们的立场 □

我可以把不同观点或目标的人聚集在一起，以期达到共同目标 □

我能向所有听众有效地阐明我的立场 □

我意识到我的肢体语言对观众的影响 □

我知道第一印象的重要性，也知道如何创造合适的印象 □

我知道别人的肢体语言，并能理解这意味着什么 □

我能很快与人建立融洽的关系 □

我可以很快和人们建立起信任度 □

我可以提出开放式问题以获取更多信息 □

我经常进行角色扮演来练习难度高的谈判 □

在开始谈判之前，我对情况和其他参与者做了尽可能多的了解 □

我擅长对意料之外的问题或情况做出有效的反应 □

我善于影响和说服别人 □

我能够找到有利于所有各方的妥协方案 □

如果你在任何方面得分都是 0~4，那就比较危险，必须加以改善，因为这对你来说是一个弱项，会影响你的表现。如果你的得分是 5~7 分，那么还有改进的空间。如果你的得分是 8~10 分，那么你做得很好！

现在计算你的总平均分，上面的规则同样适用。

一旦你确定了自己作为战略家的优势和劣势，你就会发现自己需要改进的地方。你已经准备好发展你的策略来实现你的“超级北极星”。

只有你才能制定你的策略，而你能做的最有用的事情之一就是把你的目标分解成一个个小的“里程碑”。在你最终到达目的地之前，想想你可能需要完成的所有事情。你可以把你的“里程碑”设定得尽可能小——关键是确保你正在实现它们，你觉得你正在前进并取得一些成就。给自己设定目标，制定完成某些步骤的日期。考虑可能出现的障碍，以及在这些情况下你将如何调整你的计划。

把这些都画在你的人生地图上——这才是它们真正被激活的地方。

随着你的战略到位，是时候寻找力量和勇气把你的计划付诸行动了——寻找你的勇士精神之源泉！

第5章 勇士

本书提出用“人生罗盘”法实现人生理想。“勇士”是人生罗盘的四个端点中的最后一点。我们每个人心中都贮藏着勇士的力量。勇士力量是人类与生俱来的能力，是为我们所追求与所信仰的东西不懈奋斗的能力。“勇士”端点定位行动实施和目标实现这一方面。

在此，我不希望大家局限于“勇士”这一说法本身。勇士不仅指参加过战争的人。勇士也不仅指体力方面，还指性格方面。我们在孩子们身上就可以找到勇士精神。孩子们第一次站起来对抗欺凌，被打倒后掸掉灰尘重整旗鼓，都是勇士精神的体现。

一直以来，与“勇敢”有关的一切，都令我血液逆流。父亲和祖父都是拳击手，后来我也打拳击。我还记得他们经常在夜晚交流拳台上的故事。他们兴致盎然，不时搞笑逗趣，谈论胜利也谈论失败。残酷凶猛的连续发拳，一招制敌的巧妙重击，甚至违背体育道德出其不意向对方腰下出手，都是他们的讨论话题。我敬畏他们从不心怀怨恨，无论如何从容不迫赛场上见的勇气。

所以我对从军心驰神往也就不足为奇了。

当然，体力和战斗精神并不是勇士的全部要义，但身体健康定是一个重要部分。

> 勇士不是你想象中的勇士。勇士不是战斗的人，因为没有人有权利剥夺他人的生命。勇士，对我们来说，是为正义而牺牲自己的人。勇士的任务是照顾老人、无法自我保护的人、不能养活自己的弱者，最重要的是人类的未来——孩子们。
>
> ——坐牛（Sitting Bull，美洲印第安苏族首领）

健康与幸福感

健身是基本的训练。当然健康的身体是保证工作的起码要求，而且，当我们健康的时候，大脑运转良好，大脑思考的效率会增强，持续时间会更久——尤其是我们面对压力的时候。我们健身不是为了追求体型的完美，而是为了追求个人的幸福。精神与身体是一致的。如果我们不注意合理饮食、休息和充电，能量从哪里来？拿我来说，花时间健身，饮食健康，玩乐，休息，度假，和家人朋友享受时光，这种时候我一定会处于最佳状态。由此，我一直注意保持：

◎ 常规的锻炼

◎ 健康均衡的饮食

◎ 适当的睡眠、休息和恢复

◎ 积极、冷静的心态

◎ 平衡的生活方式

在我过去的生活中，我一直努力从3个方面维护身体健康，即有氧健身、力量和柔韧性。理论上讲，要进行有氧健身，我们只需每周训练3次，每次30分钟，包括运动前热身和运动后放松训练。有氧健身和力量、柔韧性两方面训练相结合，身心状况就会显著改善。

有氧健身使我们有效思考的时间会更长，精力也更充沛。有氧健身中，大脑是最大受益者，因大脑消耗了全部吸入氧气的40%~50%，而肌肉也会更瘦更强壮，睡眠也往往更好。与此同时，每周进行3次30分钟高质量的力量训练，锻炼身体不同部位，这将有助于锻炼核心肌肉，以确保将可能会产生的损伤降至最低，并帮助身体以更高的水平运作。

我在力量训练和有氧运动方面一直做得很好，但有时忽略柔韧性训练。这是一个错误。柔韧性训练好处很多。对我来说，最主要是训练关节的自由活动能力。我曾受伤多次，随着年龄的增长，柔韧性显得越来越重要。我不久前刚恢复了一项高强度柔韧性训练，现在明显感觉疼痛减轻，活动更自由，身体也更健康了。灵活的肌肉有助于防止受伤——早、晚及锻炼前，伸展身体是最好的锻炼柔韧性的方法之一，应该每天都做。舞蹈、瑜伽和普拉提是理想的柔韧性锻炼项目。

如果有氧健身、柔韧性和力量训练这 3 方面做到位，身体能量水平将会显著提高，幸福感也会大大提高。大脑和身体并非各自独立，而是相互联系，只有二者彼此协调，我们才能达到最佳状态。

在繁忙的生活状态下，我们可以为不合理饮食找很多借口。但是，如果你认为吃半块三明治、喝 10 杯咖啡之后就能在下午 5 点做出了不起的决定，那就错了。我们需要吃尽可能多的新鲜食物。我们的身体和大脑需要多种维生素、矿物质和营养物质来维持最佳状态。我们应该改变吃东西的次数，不要一无聊就吃东西。我经常旅行，必须保持克制方可不想吃就吃。当然我有时也会不经大脑地大快朵颐，然后总是感到内疚，下次会更加克制。大脑的选择与身体的需求保持一致非常重要。如果我们安静地坐一会儿，沉思片刻，留意一下这种情况，我们就会知道该吃什么，不该吃什么。

我喜欢在白天抽出时间休息，哪怕是简单的 20 分钟静思都很奏效。这让我能够理清许多想法，把注意力集中于最重要的事情。睡眠也是最好的休息和恢复方式之一。睡眠期间，大脑依然忙碌地进行信息分类和整理，由此一天的经历得以整合。约 8 小时的充足睡眠对身心恢复至关重要。

另外，生活态度的不同决定了生活质量的差异。消极的心态会对健康产生重大影响，例如会导致血压升高和压力增加。积极的心态会产生相反的效果，例如会增加睾丸激素、降低皮质醇水平。

保持基本的健康水平是发扬勇士精神的重要前提。身体健康有助于我们对手边的活动全神贯注。

高超的技能和训练在事情完成中自然起很大作用，但实际上，夯实基本技能是重中之重。我们要使基本技能成为第二天性。在许多方面，只有基本技能扎实，才能使勇士精神得以发挥。

牢牢掌握基本技能

基本技能练到家，成功概率自然会提高，这适用于任何情况。扎实的基本功为我们的工作奠定牢固的基础。这意味着我们可以在面对压力时凭直觉采取行动，更轻松地调整计划，遇到具有挑战性的情况也能创造性地提出解决方案。

> 反复做的事情造就了我们。因此，卓越不是行为，而是习惯。
>
> ——亚里士多德

在一次执行任务中，我们一行三十多人，各司其职，分工明确。一些人作为主力作战，一些人负责断后，其余人留守几处要地以备应急。周围漆黑一片，天气又冷又湿。直升机停在着陆点，我们瞬时进入全面防御状态，飞机起飞后，我们停留观察 10 分钟，确定周围无危险存在。我们共花两天时间抵达最终目的地，期间轻松通过各个检查站。大家一路保持静默，此时无声胜有声，因为每个人都对自己的任务一清二楚。一路潜行，每个人都很镇定，未发一枪一弹。我们在一个地方先停了一夜，第二天晚上靠近了目标地区。当向最后的会合地点步步靠近时，意外情况发生了。对方不仅比预测来得早，并且走的路线也令我们始料未及。但这无大碍，我们已为意外做好准备。通过一系列简单手势，对方的新来路得以传达，我们没有发生任何慌乱，迅速各就各位。原定指挥官因距离太远无法操作，另一名指挥官下达进攻命令。不一会儿，对方人员就被抓获。一切进行得非常顺利，俨然像日常训练。虽然情况有异，但我们只是把计划做了调整。这次成功得益于团队的基本技能训练有素，所有人不走捷径、目标一致。

> 高级培训就是将基础工作做到极致。
>
> ——阿尔 · 斯莱特

一路走来，扎实的基本功使我始终处于不败之地。人们常常认为，最优秀的人才具有某种罕见而神奇的品质，然而我所目睹的，无论在哪个领域，都向我证明了，最有才华的人往往都擅长做简单的事情，重视工作的基本要求。他们把基本技能练得炉火纯青，直到这些技能成为本能，即使在极端的压力下也运用自如。

练习，练习，再练习

士兵们会花尽可能多的时间来磨炼他们的技能。在我年轻的时候，我花了很多时间练习各种各样的运动。只要有球可打，有拳击手套可戴，有机会刷新自己以前的水平，我就会很高兴。我感到自由自在，发现我不需要休息就能专注更久。一旦我学会了某项技能，我就在参加比赛之前反复测试。我只要开始这样做，就不再是为了赢，而是看看自己到底能做多好。在离开训练场地之前，我会挑战自己，比如再投进 10 个完美的球，打破我最后一次跑步的冲刺时间记录，做更多的蹲起。我发现给自己施加的压力越大，表现就越好。

我渐渐喜欢上了肾上腺素在体内流动和心跳加速的状态，心神俱疲时脑海中的疑虑反而更容易消弭或搁置一边。最重要的是，我开始喜欢比赛前的紧张情绪。

练习是提高各种技能的关键，技能带来自信，但耐心也不可或缺。大多数技能需要多年才能完善。特别是在物欲横流、即时满足的现世，能够等待、在自己身上投入时间，比以往任何时候都显得更加重要。耐心是一种美德，因为值得拥有的东西需要时间去实现。抓住当下①固然很好，但我们不能说抓住看地图的机会，正如我们不能说抓住弹钢琴的机会一样，这些技能需要年复一年的日积月累。那些准备练习、练习、再练习的人是那些在任何一天都能练习的人。

> 不闻不若闻之，闻之不若见之，见之不若知之，知之不若行之。
>
> ——孔子

进入压力区之前，我要确保自己准备万全。我已对相关人和必须应对的情况做了研究。我已具备相应的技能水平或确定能够借助其他途径实现。我已练习过所有应对突发事件的技能。适应不同角色的能力必不可少，而且要尽可能真实，尽可能具有技术上的挑战性。

在军事训练中，我们使用伤残人员来扮演伤亡的将士和

① 抓住当下（carpe diem），拉丁文，翻译成英语是“seize the day”，意为活在当下，抓紧时间，不忘初心。但是从拉丁语的字面意思来理解，翻译成“抓住现在”更为准确，抓住现在的每一瞬间就不单指的是及时行乐，还意味着要为了未来而牢牢地抓住“现在”。——译者注

平民。如果有人需要真的“失去肢体”，专业化妆师会制造大量失血场景。这可能令人不安，我见过士兵受不了现场的残酷而晕倒。但这样的练习意味着，在真正战场，伤员因失去了腿或胳膊正在尖叫，你可做出适当的反应——在不晕倒的情况下为他们治疗。

我曾受邀训练一支别国特种部队。我花两天时间观察他们射击打靶，对他们进行一系列体能测试，队员们表现都非常出色。然后我看着他们冲进一幢建筑物，看起来沉着冷静，继而我注意到原来那栋楼空空如也，既无门，也无家具。模拟训练严重缺乏现实感，真实战场不可能如此理想。我问他们能否在两天后再开启下一个培训项目，他们对自身能力信心满满，踌躇满志，欣然应允。我把军需官拉到一边，告诉他不要走漏风声，接着我们用一辆卡车拉来家具和办公设备，放到储藏室，再分散到建筑物各处，堵住门和入口。布置完毕，我们已疲惫不堪，军需官却笑了，用蹩脚的英语说：“一定会很有意思，他们以前从来没这样训练过。”

第二天，队员们都早早来到场地，个个神采飞扬跃跃欲试，期待大功告成。我问他们是否已准备好。“是的，先生！”他们异口同声地说。就像战场上发动进攻前一样，我开始排兵布阵，并告诉他们因为我们掌握的信息有限，不得不展开一场紧急出击。我问他们是否领会，“是的，先生！”我命令全线出击，结果一开始就出了问题。他们好不容易通过第一扇门（我们把门锁上而且用钉子钉住了），队员们跌倒在家具上，以往进行的危急情况逃生训练全然没派上用场。而且，不止一次他们很幸运没有互相射杀，要知道当时是实弹演练。演习结束后，他们非常恼火，对我更是气不打一处来。可是，他们是来长本领的，而非自欺欺人了事。我只是问他们，在他们的国家，攻击目标对象时，他们是否仁慈到会事先自动清空建筑物里的家具，打开每扇门，站在明处等待被消灭。一片爆笑声中，他们谅解了我的初衷，也吸取了宝贵的教训。后来我教他们各种灵活应变的技巧，使他们能够应对各种情况，战胜任何威胁。这个团队充分利用了这次成长的机会。后来，他们成为我合作过的最富有才干的外国部队之一。

压力训练

给接受训练的队员施加压力，让失败的队员承担后果，能够激发大家拼尽全力。我培训过很多孩子，刚开始，不时有人跟我讲："减少孩子们头上的压力吧。"我会反问，"为什么，为什么减？你确信，如果孩子们未来愿意发挥潜力，愿意战胜注定要面对的压力，现在减掉压力，在安全放松的环境下学习如何对抗压力，将来反而发挥得更好？"

当然，我们必须呵护儿童，但我敢肯定，他们体验的挑战和兴奋越多、需要克服的困难越多，以后的生活中收获就会越多。每每和我自己的孩子们去健身房，我都会为他们上一堂逃生训练课。当孩子们跑来跑去，越过障碍，在横梁上保持平衡，攀爬绳索，做各种锻炼，我都会有意训练他们。随着时间的推移，我会给这些项目加大难度、危险性和挑战性，孩子们也不断地自我推动，做得更好。直到今天，他们都非常擅长攀岩，同样重要的是，他们还乐于挑战——以至于现在，动不动就挑战我："爸爸，你不怕做这个，对吧？"

因此，我笃信训练要取法乎上，也就是目标越高，压力训练强度越大，队员进步越大。当我训练运动队时，达不到既定目标的队员会受罚。有惩罚，目标才有意义，这样会促使受训者做出生理反应，仿佛置身于荷枪实弹的战场。我最喜欢用的惩罚是"五分钟测试"。这是五分钟的锻炼。俯卧撑、仰卧起坐、立卧撑、跳跃运动[①]和深蹲，各做一分钟，还有额外的加码，就是让那些没有失败的人观看。测试是艰苦的，绝大多数人测试完都会感到不舒服。但是，作为一种激励工具，五分钟测验再好不过。

此法同样适用于商业团队的训练。参与者若在一项练习中表现不佳，我就会再给一次机会。只是这次"变本加厉"，

① 跳跃运动（star jump），跳起来像一个星星的意思，一种锻炼，先用手够脚尖，然后向上跳。跳起来的时候，双手要向上张开，双脚也要向左右张开，整个双手和双脚加上人头，就是一个五角星的形状，所以叫作 star jump。——译者注

练习时间更长、操作更复杂，同时角色和责任改变，这样，每个人所受挑战的难度会陡增甚至翻番。我了解到，一旦团队习惯了压力训练，他们就会对压力产生免疫，而且为了不断提高，会主动寻求更难的练习来测试。更重要的是，受训者还会变得享受这种不断加压的挑战。

承担后果的压力训练会产生最优效力。承担后果会影响到人类大脑的爬行脑[①]部分。这一部分起保护作用，一旦接受训练，它就会应激把问题视为挑战的契机而非恐惧的根源。大脑神经进入心流体验[②]，沉浸在化杂乱无章为井然有序

① 爬行脑（reptilian part of the brain），包括脑干和小脑，位于大脑的最里层，是最先出现的脑成分，进化时间上亿年，这是我们和其他动物共有的大脑结构。无论是地球上最古老的爬行动物，还是直立行走的人类，都拥有爬行脑。对于爬行动物来说，脑干和小脑对物种行为起着控制作用，因此，当感到恐惧时，爬行脑就会被激活，自动作出战斗、逃跑或静止的反应。——译者注

② 心流状态（Flow），此概念出自米哈里·契克森（Mihaly Csikszentmihalyi）《生命的心流》（*Finding flow: The psychology of engagement with everyday life*）。作者将心流定义为一种将个人精神力完全投注在某种活动上的感觉；心流产生时同时会有高度的兴奋及充实感。在心流状态下，意识全神贯注，秩序井然，有助于自我的整合。思想、企图、感觉和所有感官都集中于同一目标上，自我体验也臻于和谐。当心流结束时，一个人会觉得，内心和人际关系都比以前更"完整"。当人处于心流体验时，内心是喜悦的。回顾那些为我们带来乐趣的体验，从静态体验的阅读到极限运动蹦极，跳伞，它们有天壤之别。但人们感受到乐趣的感受相似。乐趣的出现主要有八项元素，心流体验包含其中的几项或是全部。——译者注

的愉悦中，我们会表现最佳，思考最快，行动最快。

一旦人们在压力下持续表现良好，不妨提供更具挑战的场景，设置更多的环节和更多的干扰。步步加压训练鼓励队员真正独立思考，同时，还要鼓励他们相信自己能够适应。其实人们几乎能为任何事情做好准备，如果训练做到至少能像真正的比赛一样艰苦。

保持纪律约束

所有这些训练和实践的关键部分是纪律保障。没有纪律，人们就很容易放弃。只有真正的自律才能让我们在圣诞节那天从床上爬起来，在又冷又湿的天气里训练，引来别人透过窗户观瞻。有效管理时间，专注于手头的工作，坚守精神内核和绩效标准，保持身体健康，不断学习，提升智慧，这些也都需要纪律的约束。

在体育运动中，纪律散漫带来的后果显而易见。如果一名球员被驱逐离场，或者被迫坐在被罚下场的球员的座席，就会让球队输掉比赛。如果一名顶级球员多次被禁赛，那么球队整个赛季都将处于危险之中。在军队中，如果让敌方因为我们队伍中懒惰的哨兵或我们纪律不严的反应而突破防御阵地，后果可能是致命的。在商业上，纪律不严最终会导致整个公司倒闭。

纪律助力使我们不断拼搏，以达到最高水准。严守纪律靠的不是体力，而是精神。

训练我们的大脑

我们都会发出来自内心的声音。事实上，我们大多数人都有不止一束内心的声音，有自信的，有恐惧的，还有自吹自擂的。有些人心里放了一台各频道全部接收的收音机。实际上，为了成功，我们要像训练其他技能一样训练大脑，确保只听自己积极的声音——那个激励我们不断前进，忽略不适、恐惧和紧张，永不言弃的声音。这需要练习，要求我们把自己置于压力之下，并尽可能多地只听取积极的声音，久而久之就会成为本能。

控制我们内心的声音可以帮助我们成功。我们可以学会克服我们的消极思想。一开始并不总是那么容易做到，我年轻的时候就发现了这一点。我上的是一所老式维多利亚教堂小学，那儿还有位维多利亚时代风格[①]的老校长爱迪生先生。

① 维多利亚时代风格（Victorian-style），维多利亚女王是第一个以“大不列颠和爱尔兰联合王国女王和印度女皇”名号称呼的英国君主。她在位的63年期间（1837~1901）是英国最强盛的所谓“日不落帝国”时期，她在位期间直到她去世后，到第一次世界大战开始的1914年，英国都称为维多利亚时代，维多利亚式教育特点是保守、严格、刻板、虚伪、形式化等，不一而足。在今天的心理学上分析，是压抑而不自然的，例如，维多利亚式教育下成长的英国孩子，每周可能仅有固定的某一天可以到父母房屋床铺下跳跃玩耍，而即使是在这样一个每周企盼的日子来临时，仍须谨守亲子同乐不逾矩的规范。——译者注

他以要求严格著称，我擅长运动，对其严苛的要求应对自如。8 岁那年，我参加了游泳金标考试。

第一个测试是穿着衣服跳进深水区。和在游泳池游泳的日常状态相比，这不是一种自然的状态。和从沉船中生还或跳入水中救人的状态相比，这不值一提。即使对一个 8 岁的孩子来说这样的状态难以企及，但却激励了我。我可以想象自己跳进运河，救人，仿若一个英雄。而且徽章上有"金"字样，我最想要的就是它，并且我的尝试得到了妈妈的首肯。

我们中只有两个人入选。我当时身材瘦小，显然很紧张。另一个大一点的男孩，看上去平静而自信。

我们跳进水里，水从我头上流过，我才意识到我犯了一个可怕的错误。湿透的衣服拖着我遥遥下坠，我没有像英雄那样逆水而上，而是像亟待救援的人那样濒临窒息，像一只受伤的扑腾着的鸭子一样疯狂地挥舞着手臂，心想自己非淹死不可，不对是马上要死了。我越努力，情况越糟。

我很恐慌，脑子里声音告诉我："别死，向边上游。现在！"

问题是如果碰了泳池边缘就失败了。与此同时，另一个男孩毫不费力地按标准游着，看上去志得意满。

"弗洛伊德！"爱迪生先生大声说，他的声音盖过了溅起的水花，盖过了我内心的声音。"你以前游得很好！孩子！

双腿并拢，双臂并拢，让自己稳下来！”

8岁的时候，我就善于执行命令，他的声音帮助我重新控制了自己的思想。不一会儿，我就平静下来，开始有节奏地踏着水，稳定地呼吸，绝对不会溺水。我没有被打败。我得到了我的金色徽章。

在那种情况下，我需要一个外部资源，帮我控制自己内心的声音。这些天来，我拥有了我所说的“内在力量词汇”，即能够发挥作用的词汇或短语，在困难的时候可以让我得到激励并关注自身。我内心最重要的力量之一是“勇气”。我经常说“你今天需要勇敢，弗洛伊德”，仅此一点就能给我带来强大的能量、信念和信心。拥有一个积极的内在声音是必要的，我们的“内生力量词汇”有助于加强这一点。

> 记住，当人生之路陡峭之时，头脑要保持平静沉着。
>
> ——霍勒斯[①]

激发超常表现

我给人们上训练课，往往能发现他们何时濒临放弃。肢

---

① 霍勒斯（Horatius），罗马帝国奥古斯都统治时期著名的诗人、批评家、翻译家，代表作有《诗艺》等。他是古罗马文学“黄金时代”的代表人之一。——译者注

体语言就是最好的信号。站姿是否笔挺自信，看起来是专注还是恐惧？他们陷入低潮，还是志在必得？听他们自语或和他人交流，声音充满信心还是垂头丧气地抱怨身体疲累、条件艰难、身体和精神上的苦痛不堪承受、训练缺乏公平，等等。我喜欢向人们表明，通过更多的自我控制和信仰的引领，他们在体能上可以比设想的表现得更好。

最近，我亲历了一支球队参加重要国际赛事前的一场艰苦的体能测试。那天很冷，有点逆风，我观察他们的肢体语言，听着他们自言自语："我们不该这么做""风太大了""我个人已是最佳状态，好得不能再好了""我有点小麻烦"。我立刻意识到事情进展不利。结果不出所料，测试中只有一个人取得了个人最好成绩（这证明其他人也可做到），但大多数人都没能做到。他们无论个人还是集体在测试前的表现就预定要失败了，甚至预兆了他们为什么会失败，为什么这不是他们的错。

他们所做的一切，如果不是大脑的意识层面，那么肯定是潜意识层面在起作用。当他们完成测试时，我问他们是否把自己逼到了极限。其中一名球员举起手臂，说他的身体已经不行了。我反诘他们，是否在精神上把自己逼到了极限？

他们缄默不语。

还有一次，我和女儿去参观一个国际比赛场地。我爱运动场！我总是被场地布置前洋溢的热烈气氛所鼓舞。比赛前人们激情高涨，每个团队都踌躇满志，每个人都在为接下来的开局做心理准备。这些总是让我欢欣雀跃。

这次，我只是去拜访运动队医生。因大半生携带背包和武器且运动量过大，我膝盖软骨都已磨掉，为了减少疼痛和方便走路，我每六个月要注射一次类固醇和润滑剂。

在那里，我无意中听到一个会议，他们正讨论团队的健身情况和各种应急方案。我并没有试图偷听但无法自我克制，一遇到团队健身，我就忍不住要发表意见。我以为我已够谨慎低调，但显然我表现出愤怒和不安。他们察觉到了。因为那天晚些时候，参加会议的两个人来找我，看起来很不好意思。

他们看到我离开了，问我是否听到了会上的讨论并请我发表高见。我考虑到他们真心求教，于是决定实话实说。

“好像你们打算让体能测试更容易些，因为有些人很难通过。”我停顿了一下，看看自己是否戳到雷区。没人答话，我就继续说：“作为一个团队，平时训练没有付出艰苦的努力，现在，让表现不佳的队员参加个人项目，这样这些队员看起来不会太差，他们本人也不会觉得受到了孤立。”

没有人反驳，所以我又继续说：“受伤或年龄关系，那是另一回事。现在，你我都知道，他们是不愿意逼自己。这就是想要参加国际比赛和想要成为世界第一的区别。”我当时心情很好，索性指着我15岁的女儿罗西说：“她能通过你们目前设计的测试，通不过我任凭处置。”

我的观点被采纳，而他们决定测试不放水。

如果我们想在任何事情上做到最好，总要付出代价。这要看我们是否愿意为此付出代价。

> 胜人者有力，自胜者强。
>
> ——老子

运用直觉

训练的目的在于确保训练者有能力在压力下施展技能，以便身心进入最佳表现状态。运用和控制思想是成为精英的必修课。一旦拥有身体和精神上的力量，就能获得对勇士来说至关重要的东西——直觉。

直觉是技能训练的结果。技能通过反复练习变得纯熟，得以扎根在潜意识中。这样无论遇到任何情况，我们就会本能地知道该做什么，而不必浪费宝贵的时间考虑如何行动。当人们试图理清思绪时，我常常让他们坐下来，做几次深呼吸。然后我告诉他们，我要问他们一个难题，实际上之后我想让他们告诉我他们脑海中浮现的第一件事。一旦我问了问题，不可避免地根据直觉，他们会将自己认为的最优解脱口而出。他们是否采取行动，则是另一回事。

勇士们不会一无所知地原地踏步。他们勇于做出决定并找到解决方案。他们在压力下镇定自若。当我处于勇士状态时，我已经在脑海中演练了所有可能的意外情况，我相信自己能做出正确的决定。自我怀疑的人通常没有适当的技能水平，或者没有把自己放在足够的压力区。

勇士的直觉来自在头脑中建立起来的丰富多样的可能状况，这是反复练习的结果。事情结束后，人们往往会问我为什么我要做这件事而非那件。我只能回答，我直觉这是正确的，想都不用想。

勇士一定要对环境、人和政治的变化保持警觉。他们拥有精细敏锐的“天线”，赛前对状况能够精准捕捉，从而能够有效节约时间，一马当先也就不足为怪。我注意到，在军事、体育或商业领域，最成功的领袖人物采取行动之前，都能悟到复杂情况并掌握所需应急措施。他们发挥直觉的作用，不假思索地从容应对。

> 力量不是来自身体的能力。它来自一种不屈不挠的意志。
>
> ——甘地

我很幸运，见证过各种各样的勇士之举。在担任反恐小组组长期间，我听说过一位年轻女警官的故事。她加入警队才刚几年，与一位即将退休的年长警官共事。在伦敦市中心巡逻时，她看到一个年轻人在拍照，这很平常。然而，他身上有些东西似乎不合时宜。她不能确定到底是怎么回事，但直觉不对。她把自己的担忧告诉了同事，但同事不予理会，因为其急切地想回到站里完成交班。快到下班时间了，他最不想见到的就是逮捕罪犯时附带的所有文件。但是这位年轻的女士不同意一笔带过。她走近那人，问了他几个问题，发现其回答毫无必要地含糊其词，这使她更加怀疑。不经过那位年长警官的同意，她直接实施逮捕也并不违反《恐怖主义法案》，于是她果断出击。这一逮捕最终使得一个组织被抓。该组织当时正计划在伦敦发动一场不堪设想的行动。

我性格中的勇士部分让我感到安全。我时刻警觉外在的威胁，不敢有一刻疏忽。它是我最好的朋友，因为它能确保我在压力区发挥最佳状态，并知道何时战斗，何时撤退，何时防守。我可以根据需要在战术、实操或战略层面进行战斗，因为我知道何时需扮演领导者，何时需跟随。我的勇士模式提高了我的竞争力，加强了我的魄力。勇士部分帮助我建立团队，因为我愿意为我所坚信的东西而奋斗，为他人树立榜样并激励他们，最重要的是它是我赖以生存的根基。

接受失败并从中学习

无论我们多么努力追求卓越，全力以赴练习和接受训练，不断提高我们的身体和精神素养，也总会有一些时候不能取得成功。失败是生活的一部分，并不是每个人都能成功。重要的是确保我们已经做到最好，从错误中学习并永不放弃。我们不能在第一次训练中就陷入力求完美的困扰，也不能因为有人比我们更快地掌握一项技能而感到失望。勇士只是不断地练习，直到最后成功。

在这方面，我天生幸运，母亲教育有方。她不让我赢牌，不让我赢挑圆片游戏[①]，或任何其他游戏。她是一位严肃的英国北方女性，信奉人人平等——我妈不会平白无故让需要保护的弱者赢的，她做这件事更非出于恶意，而是堂堂正正地让我输。她解释说成功需要一种心态："你太情绪化，弗洛伊德。""你太拼——放松，发挥你最好水平。"有一次，父亲连连为我求情（"让他赢吧，就一次。""不。"）母亲毫不留情面。你要么自己赢了，要么没赢，即使这意味着你会输掉一些零花钱（或更常见的，输掉全部零花钱）。否则你永远学不会下次做得更好，因为，就像她教我的，只要你不放弃，总有下一次。她花时间教我如何打球，尽管她对赢球充满激情，但她总是希望我能打得好。她唯一允许我后悔的是我没有尽力。

从她身上，我懂得了失败是有教育意义的。失败让我们集中精力。这种全力以赴的继续让我们获得最大的成功机

① 挑圆片游戏（Tiddly-winks），一种类似棋盘游戏的室内游戏。——译者注

会。没有什么好怕的，可怕的是未竭尽全力。它教会我做任何事情都要充满激情。

到今天我仍然不喜欢失败，但如果我知道我已经尽了最大的努力，失败的打击会大大减轻。

数年后，我长成少年，参加了人生中第一场拳击比赛。尽管在市场干过体力，但仍是一个高高瘦瘦的男孩子，长胳膊，长腿。失望的是，我输给了一个更快更好的拳击手。我自觉让自己和其他人都失望了，但在回家的路上，爸爸递给我一包炸鱼薯条并安慰我。“即使是最好的，有时也会失败，”他说，“身边总是会有反对的声音，但拳台上的那个人是唯一重要的，还有，重要的是看他们如何重整旗鼓。你如何处理逆境将决定你的成功。我将根据你从中学到的东西来评判你，仅此而已。”

> 只有深刻感受失败的滋味，才能触及灵魂深处，并获得那仅需的一点点额外力量，最终战胜对手。
>
> ——穆罕默德·阿里

永不放弃

站起来是关键。就像我在伞兵团的导师向我传授的那样，毫无疑问，伞兵团的士兵从来不会“放弃”。这种态度每天都被灌输到每个人身上，直到它成为内心深种的祷文（Mantra）。

后来在与运动队合作时，比如 19 岁以下的英格兰板球队等，我会教队员类似的心态。在一场异常艰苦的训练中，道路泥泞不堪，我们一路跋涉，其中一名球员拼命紧跟，鼻子开始出血，染红了白色 T 恤，但我们还有几英里要走。我建议他返回训练中心，但他摇了摇头。“我不会停下来，”他喘息着说，“我不会让任何人失望。”他的确没有——虽然当我们走回训练中心时，我有一些情况要说明。

奋勇拼搏、勇往直前的勇士精神让我成就非凡，完成了在别人眼里我力不能及的壮举。在我报名空勤团时，我 22 岁，是其中最年轻的。尽管在伞兵团事先学习了四年，但我既非最适合，也非最有经验的。空勤团训练课程本身就具有传奇般的难度，如果称不上世界最难，也当之无愧是最难之一。训练课程一年进行冬夏两次。冬天天气非常寒冷，地上有雪和冰，人体新陈代谢减缓，会导致精神错乱（寒冷会减缓思维活动）。在夏天，炎热会使人衰弱，极度的体力消耗会导致脱水和疲劳。选拔通过率极低，这正是选拔的目的所在。负责选拔的人经验丰富，眼光敏锐，他们选拔的人要心理和身体适应性超强，诚实正直，独立自主又有团队合作能力。另外，幽默感不是锦上添花，而是必须。

所有参选者都是自愿报名，他们来自三个兵种，包括预备役部队。如今，士兵们在接受选拔之前会收到一份正式简报，使其清楚课程具体安排。我们当时纯属盲目参加。那时，对我们来说，要做的是自行收集信息，并努力做好准备。负责选拔的人员一定是他们那代人中最出类拔萃者，我们那时如此，现在依然。这些人非常擅长挑选可塑性强的士兵，而非一定是已经训练有素的人。

前四周测试士兵身体条件和导航能力，以及个人素质，如是否勇敢刚毅，坚忍理性。在任何天气条件下，似乎都有走不完的行军任务，背上的重量逐步升级，从一般重量，到难以承受的重量，且一直携带武器（也都不轻）。熬过了前三周，就会进入“测试周”，这时会有更多的行军在前面——连续 5 天计时行军，距离可达 28 千米（17 英里）。必须通过这五次行军中的至少四次，才能参加最后一次，名副其实地名为“耐力”的行军。64 千米（40 英里）携带 75 磅（5½ 石）军队背包以及武器和任何你认为最重要的必需品、食物或水等。“耐力”行军完成时间根据天气条件和季节临时确定，但比规定提前一秒就达标，落后一秒就算失败。

相当一部分队员不能按时抵达，另有些人中途受伤或者自愿退出。通过测试的学员将接受为期三周的“继续培训课程”，在此期间，他们将学习丛林作战的基本知识，以及如何在特种空勤团作战。

接下来 5 个星期是丛林训练。四季的极端天气可以在丛林的一天中显现：多雨，潮湿，炙热，寒冷。丛林生活一定要格外注意个人卫生和健康，昆虫叮咬和水蛭也会造成伤害。生病对任何人都没有价值，确切说会成为其他成员的负担。军事策略之外，对精神和身体的要求也是巨大挑战，教练全程密切观察队员的表现。

作为特种空勤团的学员，基本技能的持续练习也必不可少。在巡逻、近距离格斗、观察哨所、攻击和伏击等项目训练中，教练不断增加难度，他们一边协助，一边评估。慢慢地，教练不再插手，队员自己操作。培训结束后进行测试，负责选拔的人员决定录用（或不录用）学员。一些队员因受伤遭淘汰，更多人主动放弃，不再参加选拔。

以上只是选拔的前期训练。

我一路苦苦拼搏，终于走到这一阶段。有人曾建议我，等过几年再接受这个训练，因为我比一般新兵年轻 6 岁，我没接受劝告。从参军到现在的特种空勤团测试，我第一次没能进入体能最棒或最有经验人群的前 10% 甚至 20%。我必须努力奋斗才能到达前列。我在健身和导航方面都很努力。我不得不强忍身体的疼痛（尤其是我的背部、膝盖和脚），忍受失败挫折，而这些挫折，是进步必不可少的前奏。最终，我成了 200 名中只有 14 名通过该训练课程的队员之一。

从失望中振作起来，积极对抗压力至关重要。我得以成功是因为我告诉自己要把每一天都当作挑战，从错误中学习，发誓下次做得更好。在此之前，我已通过伞兵团的一系列严苛选拔，这对我意义非凡，但现在，牢记我心中的“超级北极星”也非常重要。这次成功再次证明目的是制胜的法宝。知道自己为何拼搏，能让我们发挥潜在的身心力量。

我从来没有想过要放弃训练——当我自我怀疑时，我内心的声音强烈地提醒我，这是我从 13 岁起就想要的东西。我成功的原因之一——尽管不怎么高明——是我可能不是最有才华的人，但我将永远是最勤奋和最自律的人之一。这一点，再加上我对基本技能的坚持不懈，总会让我立于不败之地。

> 如果你正在地狱穿行，继续前进。
>
> ——温斯顿·丘吉尔

那些通过第一阶段课程的学生将返回英国，去接受另一项名为“潜逃”的课程训练。参与者必须躲避以抓捕他们为任务的军事单位，然后接受数小时的审讯，在此期间他们必须遵守特定的章法。

这样，我总算熬过课程的最初阶段（我没法轻松表达，因为那不是真话——说活着过来了还差不多），现在正在躲避被抓。我们身穿第二次世界大战的战服——羊毛毛衣，棉质军服，没有任何花哨的面料。外面冰冷刺骨，我们全身湿透，饥肠辘辘。此间100多个人展开了搜捕我们的行动。地面上有50个，其余则直升机空降，两路人马都配置了当代部队应有尽有的装备，如夜视仪。

战斗生存能力评估是最后一关，成败在此一举——我和另外5个人一起在一周内逃脱追捕。天气寒冷，潮湿多风（换句话说，威尔士或苏格兰天气）。我们每人都拿到了一份粗糙的手绘地图，上面有基本的网格参考，还有森林、河流和教堂等地标，这样你就能知道自己的方位。还有一个粗糙至极的按钮指南针，也就趁着圣诞爆竹火光才可能勉强一用，以指引方向，这着实令人失望。没别的了，没有食物，没有避难所，没有打火机，如果你在附近的谷仓或农舍避难时被抓住，你会立即失败。

我认识我们团队中的一个人，除他之外的四位都是军校学员。利用地图和指南针，我搞定了适合睡觉前跨越的安全地带。这意味着我们将在地表最好是高低起伏的锯齿状地带轮流放哨，四个小时一换岗，一次一小时。

每天，我们都需在特定时间和地点设检查站。在那里，“特工”会告知下一个目的地，以及跟踪我们的敌人的信息。有时他们会给我们提供食物：生胡萝卜或生土豆。有一次，他们拿生猪蹄开玩笑：“如果饿了，就啃一啃!”但没有鼓励——你的能力正在经受考验，他们并不站在你这边。

更新完草图后，我们又出发了。地标之间的距离是未知的，但有这些地图足以让我们跨越艰险地带。有一次，我们差点被抓住，我和朋友发现，在短暂的放松警惕时，我们这群人中，有人为了应对严寒，点燃了一堆火。“敌人”看到了浓烟，一架直升机在上空盘旋。我们冲回去，非常简略地向他们解释说，他们犯了一个错误，我们现在必须整天躲避任何可能的监视。总之，撇开各种大意不提，我们躲避了一周的追捕，直到精疲力竭。经历了寒冷刺骨，饥饿难耐，我们以团队名义设立了最终的检查站。

没有庆祝活动，这不是凯旋。相反，我们被装上卡车运走了。是时候进入审问阶段了——最后的考验——到时我们需对曾学的审讯技巧进行抵抗。

姓名、级别、号码和出生日期——不管审问者说什么，做什么，必须咬住。我不能透露更多，但我们只能说这是困难的，充满挑战，且令人疲惫不堪。你必须不断提醒自己为什么想通过测试，并保持专注、决心和快速恢复力。我们中的大多数人都通过了这个阶段，尽管有些人没有。虽然这不是这个项目的最后关口，但最艰难的时刻已经挨过。

行动要点：
加强你的勇士力量

你表现出勇士的特征了吗？和以前一样，给自己打分，10 分代表完美，不要打 7 分。

- 我持续锤炼自己的技能 ☐
- 我能把控自己的行为 ☐
- 我能掌控着队员们各执其责 ☐
- 身处压力时我能集中精力在当下 ☐
- 我寻求进步而非苛求完美 ☐
- 我检讨错误，从中吸取教训 ☐
- 我适应力强，遭遇挫折后能很快复原 ☐
- 为完成工作我知道如何保持精神和热情 ☐

我能预知成功的结果并会在脑海中勾勒出成功的景象 □

我能在一定时间限度内下定决心并全力执行 □

我高度自律 □

我知道何时领导何时服从 □

我能够领导也能够服从 □

我充满勇气，敢于冒险 □

我对自己定下的每一个目标全力以赴 □

面临困境我能掌控自己的情绪 □

我内心洋溢着积极向上的声音 □

我相信我的直觉 □

像习得其他技能一样，我也能锤炼自己的心智 □

保持身体健康，状态良好，从而发挥全部潜能，你做到了吗? □

我的饮食健康多样 □

我的有氧能力强 □

我的柔韧性很好 □

我能保证我的身体一整天都有充足的水分 □

我的体力很好 □

我用科技手段来监控自己的健康状况 □

我在工作日里花时间给自己充电 □

我和家人共度美好时光 □

我和朋友们共度美好时光 □

我把宝贵的时间花在对我重要的爱好上 □

我有一些放松技巧 □

我每晚睡 7 个小时 □

如果以上任意一项的得分为 0~4 分，那情况可就危险了，你必须加以改进，因为这对你来说是一个弱项，而且会影响你的表现。如果你的得分是 5~7 分，那你仍需改进。如果你得了 8~10 分，说明你做得很好！

现在计算你的平均分，以上规则也适用。

你的基本技能是什么？写下 3~5 个你需要掌握的技能，这样即使是最糟糕的情况也很难击垮你。想办法尽可能多地练习这些技能，这样你在这些事情上的表现既是最高水平的，也是出于本能的。

你需要改善你的身体素质吗？努力把各种运动融入生活：

◎ 理论上，要提高有氧耐力，只需每周训练 3 次，每次持续 30 分钟，包括热身和放松身体。

◎ 此外，每周进行 3 次 30 分钟力量训练，锻炼不同身体部位，将有助于锻炼核心肌肉，以确保最大限度减少伤害，并有助于身体以更高性能水平运作。

◎ 柔韧的肌肉也有助于防止受伤；早晚以及每次锻炼前伸展身体是最好的方法，应该每天进行。舞蹈、瑜伽和普拉提也是提高柔韧性的理想选择。

◎ 培养勇士能力不光要身体健康：抽出时间修整也很重要，比如花20分钟静思。这有助于你理清思路，忽略许多不必要的想法，并把注意力集中在最重要的想法上。

现在开始考虑在接下来的6个月里你需要采取的行动，开始朝着你人生地图上的第一个里程碑前进。想想什么可能阻止你采取行动，包括你自己的心态，以及你将如何克服它。

一旦开始了你的旅程，你是否有精神和情感上的韧性来支撑你度过困难时期？当我的决心受到考验的时候，我有一个战胜挫折的精神法宝，一个心理恢复策略，我通过它来保持我的状态。每个人都是独一无二的，你必须想出一个适合自己需要的法宝。但我可以给你举个例子，也就是我的心理弹性

策略:

◎ 我总是会想象任何活动成功的样子。我会想象尽可能多的细节。

◎ 我计划去应对我能想到的所有可能的突发事件。

◎ 我练习压力区所需的适当的技能。

◎ 我花时间休息，恢复精力。

◎ 我铭记为自己鼓劲的力量之词：勇气/韧性/正念/冷静。

◎ 我有激励自己的力量之歌:《金刚不坏》(Titanium)和《说出我的名字》(Say My Name)。

◎ 我在心里重复我的祷文：“永不放弃。”

◎ 我用白色、绿色、黄色和红色区域来完成我的能量聚焦过程。(我将在下一章解释这些区域的含义。)

◎ 我不沉浸在过去发生的事情中。

◎ 为了给自己信心，我在脑海中回顾过去所有的成功。

◎ 我拥抱未知而不是害怕未知；没有答案反而让我保持敏锐。

◎ 我想象我的导师和英雄们在同样的情况下会做

什么。

◎ 最后，如果我真的要进入压力区，而没有信心独自度过，我会向周围的人寻求帮助。

你有什么和上面我的精神策略类似的法宝来助你专注于目标？遇到任何情况，哪些话能激励你勇往直前呢？

在通往成功的路上，拥有勇士精神是很重要的，但是制订一个好的计划和坚持一套道德准则能够让你勇气加倍、行动高效。因此，在确定了你的精神特质、战略和内心勇士精神之后，现在要做的是学习如何平衡这三者之间的关系，只有这样你才能实现你的“超级北极星”。

第6章 人生罗盘

人生罗盘的四个方向统一协调起来，我们的人生就无往而不胜。“超级北极星”那一端知道我们想要什么。“精神特质”那一端知道我们是谁和为得到我们梦寐以求的东西，我们情愿和不情愿做什么。“战略家”一端谋划我们将如何去做。“勇士”一端指引我们勇敢而热情地采取行动。

如前文所言，亚历山大大帝是我童年记忆中最令我崇拜的英雄。当我还是一个十一岁的少年，读到一本瓢虫出版公司出版的书，名叫《亚历山大大帝：历史上的冒险》（*Alexander the Great: An Adventure from History*）。书中有生动的插图，书末附录有多幅地图，记录了他参加过的所有战役。但这不仅关于战争，也讲述了亚历山大大帝如何成为一名名垂千古的勇士。书中讲述他如何熏沐于亚里士多德的教育，如何拔剑砍断葛第士绳结[①]，如何征战四方建立了从马其顿绵延到印度的庞大帝国。

我最喜欢听的故事是亚历山大 12 岁驯服骏马比塞弗勒斯（Bucephalus）。这匹马性情暴躁，极难驾驭，起初被卖给了亚历山大的父亲腓力王，但腓力王改变了主意。他认为这匹马野性难驯，留之无用。年幼的亚历山大反驳说，仅因无人能将其驯服就放弃如此出色的马，真是一种耻辱。年长的王公贵族力不从心，自然无言以对。于是腓力王对儿子提出了挑战，看看亚历山大能不能将这匹烈马制服。亚历山大发誓如果他骑不了这匹马，仍会照单全价买下。

亚历山大赢得很漂亮。他没有鞭打咒骂，而是悄悄把马头扭向太阳的方向。阳光照得马眼花缭乱，他乘机一跃跳上马背，双手紧握缰绳，直到烈马被他驯服。

> 没有知识，技能就无法施展。没有技能，力量就无法倾注。没有力量，知识就无法应用。
>
> ——亚历山大大帝的首席医师

① 葛第士绳结（Gordian Knot），古希腊的佛里几亚国王葛第士以非常奇妙的方法，在战车的轭上打了一串结。他预言谁能打开这个结，就可以征服亚洲。一直到公元前 334 年还没有一个人能将绳结打开。这时亚历山大率军入侵小亚细亚，他来到葛第士绳结前，不加考虑便拔剑砍断了它。后来，他果然一举占领了比希腊大 50 倍的波斯帝国。——译者注

对于一个11岁的少年来说，了解到和自己同样年纪的亚历山大能够接受国王的挑战并驯服烈马，实在令人备受鼓舞。关于亚历山大大帝的品格，有许多为人们所津津乐道的传说。他不使用暴力，以礼待人（他对伤兵关怀备至）。作为一个战略家无人可以望其项背，他经常以少胜多，或者用演习来震慑敌人不战自退。作为一名勇士，他身先士卒，屡屡负伤。时至今日，我仍然认为他是勇士和战略家结合的典范。

平衡我们的罗盘

我们要在精神、战略和勇士的三位一体模式中养成正确的习惯和态度，以推动我们朝着目标前进。当这三方面协调一致时，我们就会进入最佳状态。人们往往过于关注战略或勇士这两者中的任何一方面，结果陷入困境。但二者并非泾渭分明，尽管在我们内心一个可能比另一个更强大。在这种情况下，我们更要注意调整以取得平衡。

战略家会基于事实，评估风险，运用缜密的逻辑制订计划。他们寻求问题的解决方案，在必须做出决定前保持开放的心态。他们对自己负责。

勇士随后将计划付诸实施，并朝着每个里程碑前进。一旦达到目标，他们就会重新评估形势，展望下一个目标，并与战略家合作继续前进。

要想成功，我们必须要掌控这两个要素，并根据情况在两者之间转换自如。最佳状态是，勇士和战略家与精神特质三方面协调为一，作为一个整体来指导我们的行动和决策。我们必须知道何时战斗，何时计划，何时领导，何时跟随。在勇士和战略家任何一方投入精力过多，都会限制发展、影响潜力发挥。意识到这一点是采用人生罗盘法不可避免会经历的过程，这时我们就要发挥直觉的作用了。一旦我们认为已将战略家和勇士同等重视，并和精神特质一方取得契合，一旦我们确认自己没有行动多于谋划，或谋划多于行动，就可相信决定是正确的。

> 我已经对行动的紧迫性牢记于心。仅仅清楚紧迫性是不够的，我们必须运用。仅仅有意愿是不够的，我们必须付诸执行。
>
> ——莱昂纳多 · 达 · 芬奇

有一次，在空勤团，我们有一名队员负伤了。当时我们陷入了敌对方的包围，离安全地点210公里，亟须重新部署战略。该如何随机应变呢？我们采取了灵活的战略。

作为一个团队，我们能够适应艰难环境，同时富有创新精神，不墨守成规。我们建立防线，朝着正确方向集中兵力，适度进攻，向敌人最薄弱区域全面出击，步步为营地掌握全局。这既需个人勇气，也需炮火连天中大家的齐心协力。

当事情看起来不对劲，我们会毫不犹豫亮出观点并争论，对事不对人。我们知道什么时候该做领导者，什么时候该做跟随者。根据需要，角色会来回切换。我经常请求他人帮助来保卫由我负责的侧翼，而不久之后，我发现自己不得不支持另一个团队，因为我要对另一个领导者的指示做出反应。

这位领导让我们在目前所在地切断联系。我们毫无停顿，欣然从命。诚然每个人都有发言权很重要，但一旦领导做出决定，每个人都须全力以赴。这并非事关共识或民主，而在于找到最佳方案。我们理解效率的必要性，我们无法带走全部设备，但最重要的设备已被打包带走。我们恰如其分地知晓带什么，这使我们能以最有效的方式灵活迅速地穿越艰险地带。有了明确目标，精心策划，顽强拼搏，我们就能获得胜利。

抓住机遇

在生活中，我们常常在追求目标和保障安全之间左右为难。我们对安全的需求如此强烈，以至于我们常常拒绝承担风险，错失攫住走出舒适区的机会放手一搏。如果我们对机会保持开放的心态，我们很快就会发现机会无处不在。反之，如果我们关闭大脑，就会对机会视而不见。如果我们采取勇士和战略家相结合的方式，这将有助我们识别在通往超级北极星的路上出现的机遇，并有勇气采取行动，抓住机遇。

> 对安全的渴望与任何伟大而高尚的事业背道而驰。
>
> ——普布里乌斯 · 克奈里乌斯 · 塔西佗[1]

我曾经和一位足球经理交谈过。在 20 世纪 70 年代初，17 岁的他有机会加入阿森纳足球俱乐部并在第一队踢球。但他拒绝了，因为他不想离开家，不想和家人分开。阿森纳后

① 普布里乌斯 · 克奈里乌斯 · 塔西佗（Publius Cornelius Tacitus，约公元 55~120），古罗马伟大的历史学家。他生活在所谓拉丁文学的白银时代，以其拉丁文散文的简洁和紧凑，对权力政治心理学的深入见解而闻名。——译者注

来赢得了联赛和足总杯的双冠王，而他回到了哈德斯菲尔德足球俱乐部。他悔不当初，恨自己没有先见之明。

对我们来说，重要的是面对机会不要纸上谈兵。在世界许多角落，机会确实有限，譬如女性不能驾驶汽车，男性或女性没有投票权，人们缺乏教育、食物和基本医疗保障。即使在发达国家，人生机会往往也会受到不可控条件的限制。即使那些天之骄子，在成长中也会被他人的期望所困囿。

我所认识的最优秀的士兵都是善于抓住机会的人。他们从不为该朝哪个方向走而慌乱，也从不为只有一张粗略的地图而烦恼。他们知道自己的目的和终点，乐于调整和填充旅程的细节。他们可以是战略家，也可以是勇士，根据形势的需要完成角色的转换。

在现实生活中，旅程很少有明确规定的终点。除了税收这类事物恒定之外，我们所能确定的也只有在某个阶段生命将会结束，只是不知何时。因此，为了最大限度利用时间，我们需要保持健康，享受生活，在机会出现的当口攫住机会，甚至走出去寻找机会。

> 我早就注意到，成功之人不是坐等天上掉馅饼，而是主动出击。
>
> ——莱昂纳多·达·芬奇

我17岁时住在奥尔德尼岛。当时父母是冒险离开了布拉德福德去奥尔德尼经营一家酒吧。这是妈妈的梦想，爸爸支持她，代价是离开了他一生操持的工作和熟悉的朋友。离开学校时，我只有几项资格证书，但我最初想用家里的卖酒执照，和父母一起经营酒吧生意。从那时起我就搬出了家，开启了我一生中最快乐的时光。炎炎夏日，岛上游人如织，我在靠近海滩的地方租了一间很棒的房子。我年轻、健康，最重要的是，我每天工作7个小时，收入不错。我好像生活在电影里。对于一个英国人来说，毫无疑问这差不多是一个年轻人能有的所有乐趣了。然而……

我的“超级北极星”强烈吸引着我，使我午夜梦回间屡屡想到——我应该做些别的事情。我也很担心，如果我不采取行动就会错失良机。我不确定超级北极星到底是什么，但它的吸引力丝毫不减。我觉得我应该做些别的事情，这种感觉越来越强烈，直到它完全成形——我该参军了。

当时我未满18岁，一开始我不敢告诉父母从军的决定。但告诉他们之后，我发现他们不仅支持我，还为我高兴和自豪。直到后来我才知道，当时妈妈罹患重病，他们本需要我留下来。六个月后，他们被迫离开奥尔德尼，回到英国本土接受治疗，但他们从未想过以此束缚我的脚步。

意外之喜在于，我来到了泽西岛的陆军职业办公室（army careers office in Jersey），在那里，我以优异成绩通过了数学、英语和综合知识的初试。几乎就在同一瞬间，我被机会砸中，萨顿的一门课程给了我一个名额。而我原以为选拔过程要耗时数月，期间我还能在沙滩上度过夏天。但幸运的是，我意识到这是一个美妙的机会并在两周后欣然踏上去往萨顿·科德菲尔德的旅程。我志在成为一名伞兵。

我和其他新兵到达后，很快得到通知参加新一轮选拔，测试更艰苦严苛。如想加入伞兵团而非步兵团，你需要在10分钟内跑完1.5英里，然后进行一系列的体能测试，比如看看你能做多少引体向上、举重、俯卧撑和仰卧起坐。我们是第一批被这样安排的学员，结果我和其他的少数人通过了测试。大多数人都没有通过，他们甚至未对这个要求不高的测试做足准备。

> 驶出安全的港湾吧！随着信风——去探索，去梦想，去发现。
>
> ——马克·吐温

我还发现当年的自己有一个独特之处。16岁离开学校时，尽管当时我学业成绩很好，但没人试图阻拦我。此次参加陆军新兵招募考试，我的笔试成绩依然出类拔萃，以至于有人把我拉到一边，劝我说在军队里可以从事许多工作，比如通信、机械、电子等方面的工作。也有很多人劝我不要加入伞兵团，许诺说收我当学徒，我的未来就万无一失了。尽管这些确实都是机会，但我一个也不想要，因为皆非我心所向。两周后，我加入了奥尔德肖特[①]的第472排，在伞兵团庆祝了我的18岁生日。

恐惧是成功最大的障碍

在人生旅途中，生活很少一帆风顺，我们会遇到许多障碍要克服。因此，我们务必确保选择内心虔诚向往的“超级北极星”。我们一定要准备充分，严以律己，勇敢无畏。这样，无论生活中发生了什么，都不会分散我们的注意力或者偏离轨道。我们可以专注于自己的目标，在逆境中继续前进。

恐惧是人生旅途中最大的障碍之一。这是最消极的情感，却在旅途中与我们一直如影随形。恐惧像磁铁一样干扰我们的罗盘，导致指针发生偏离，误导我们的航向。

① 奥尔德肖特（Aldershot），英格兰汉普郡Rushmoor区的一个小镇。奥尔德肖特被称为“英国军队之家”，是英国著名的陆军训练营地，被誉为军队的摇篮。——译者注

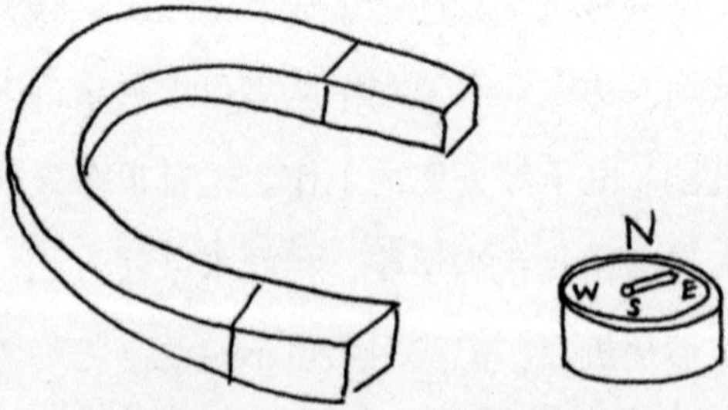

恐惧会阻止我们抓住机会和离开舒适区，阻止我们完成任务。当我们应该坚持的时候，它会让我们放弃。它是我们内心的“敌人”，削弱我们的能力，摧毁我们的信心。如果我们任恐惧肆虐，我们的健康就会受到重大影响。恐惧会使生活产生混乱，抑制我们所做的和想做的一切，让我们一败涂地。

克服恐惧需要再次采用勇士和战略家的方法。我们要镇定自如、充满逻辑性地看待局势，掌控我们的思想和情感，同时将忧虑置之度外，鼓起勇气采取行动。

> 生活中没有什么可恐惧的东西，只有需要理解的东西。现在是需要多理解一些的时候，这样我们就会少一些恐惧。
>
> ——居里夫人

那么你最大的恐惧是什么？这个问题我已经问过几百

次了。无论是一个 10 岁的孩子，还是世界上最勇敢顽强的士兵，以及介于这两者之间的任何一个群体，大家都认为是——失败。

我们如何看待自己，以及认为别人如何看待我们，对我们的行为影响深远。同侪压力就是明显的例子。我们必须明白失败确实存在，但需要把失败当作学习的契机，否则对失败的恐惧会阻碍我们的发展。我们必须认识到，只要想不断挑战极限，失败就不可避免。

我数不清有多少次我必须从头再来，有多少次别人出于自己的利益试图让我偏离轨道。我们的梦想应该远大，这可能会带来暂时的失败，但不应使我们畏首畏尾。

首先，我们必须明白失败应该被重新定义。失败是千载难逢的学习良机，是通往成功的大门，是促进自我提升的通道。只要我们认识到这一点，并对本可采取的不同做法进行快速评估，就可缩小自身和预期目标之间的差距。但这意味着我们必须对自己足够客观，不留情面，并尽快汲取教训。

失败可能是恐惧的一种主要形式，而恐惧的形式十分多元。那么什么是恐惧，我们如何克服它呢？恐惧是当我们感到一种情况对我们的精神或身体健康构成威胁时，我们所产生的想法。有时，在即将遭受身体攻击的情况下，这种恐惧是完全合理的。有时，在担心别人对我们的看法或妄自菲薄时，这种恐惧是徒劳无功和自我伤害的。不受控制的恐惧会削弱我们在生活中各个方面的潜力。

然而恐惧也有一个良好的目的，那就是在遭遇危险时保护自己，我们感知危险的能力也得到恰到好处的施展。有一次，我在丛林里不小心踩到了一条蛇，我甚至不需要低头就知道那是一条蛇。我的身体立即做出了反应。我赶紧跳离了危险区域，而受惊扰的蛇钻进了灌木丛。

我们的大脑一旦感受到威胁，就会进入应激状态。我们的身体充满肾上腺素，心率加快，感官更加敏锐，并调出能量储备以便更好地战斗或逃跑。但同时恐惧也可能使我们僵住，在捕食者面前，我们无法做出决定，陷入无助和绝望。问题的关键是充分利用前面的生理特性，而非为后者所控。有一次，我在肯尼亚看到一群士兵在夜里听着狮子狂吼，他们担心有什么庞大勇猛的野兽在附近游荡。他们不得不穿过狮子的领地进行夜间巡逻，因为恐惧而战战兢兢。不过，当晚他们肯定全神贯注，以训练有素的方式离开了营地。

更复杂的是，我们的反应并不总是基于现实。我们曾有多少次对别人随意的评论反应过度？有多少次看到电子邮件的只言片语感到遭受怠慢，注意到穿着连帽衫的年轻人就怕被抢劫？最终所有这些反应都只不过是错觉而已。然而，纵使意识到这些错误，下一次类似情况发生时，我们是否就会减轻恐惧呢？

我经历过各种各样的恐惧。我曾害怕同学们怎么看我；

我曾通宵失眠地害怕演讲；我曾恐惧自己有意进入了有生命危险的环境；更糟糕的是，我更是恐惧过不得不把他人置于有生命危险的环境中。经年之后我才洞若观火，控制自己对“危险”的反应（不管是真实的还是不真实的），制订计划和勇敢无畏，都是取得上佳表现的关键。

> 恐惧会让狼看起来更大。
>
> ——德国谚语

在多塞特郡的波特兰港的一个阴冷潮湿的日子里，我加入了空勤团的舟艇部队。我们练习划皮划艇和潜水等需要熟练掌握的技能。

到了我进行潜水能力测试的时候了。我被带到码头一边，详细听取测试的各项要求。我要跳进海里，然后，当到达海底时我会摘下面罩。几秒钟后，我会把它再戴上，期间进行一个所谓的“清理训练”——清理掉面罩中的海水，这样我就能再次看到东西。要做的动作是按一下面罩的顶部让它从脸上抬起，然后用鼻子往外吹气把面罩里的水顶出来。

在这之前，我从来没有潜过水，甚至也没有练习过任何与潜水相关的技能，因此我很紧张。初学者往往在舒适温暖、干净安全的游泳池里学游泳，所以我多希望被扔进游泳池的池底而不是现在的大海。当我系上重量带时，发现它实在太重，足以让我下坠乃至溺亡。我把吹嘴戴上，深深地吸了一口气，心里祈祷着然后跳了下去。从接触到冰冷的海水的那一刻，我就开始逐渐沉入海底。恐慌占据了我的大脑。我的思绪失控了："你要淹死了！你会失败的！"最糟糕的是，"人们会怎么想?"我魂飞天外，仿佛置身于小学时的游泳池，但这次没有爱迪生先生帮我，在冰冷、肮脏的海水中我甚至看不到自己的手掌。我开始通过呼吸器吸入咸咸的海水了，像受惊的老鼠一样，心脏快速跳动，急促地呼吸。

监考的人沉静地游到我身侧，像水中的鱼一样自如惬意，淡定地评估我是否惊慌失措。在努力站稳脚跟的慌乱中，我踢起海底更多的沙子和泥，视线更模糊了。

我必须冷静下来。

我费了很大的劲，用逻辑推理战胜了恐慌：我不会淹死，因为我有氧，可以很容易地游到水面。是的，我正在下沉，但不是很快。看，我现在已经停止下沉了。最重要的是，没有人在意我，大家都自顾不暇。

我开始平静下来。专注于手头的任务意味着我只需想该想的事。我在心里默念一遍平日的训练要领，看了看教练的表情，数到三，摘下面罩然后又戴上，面罩里面充满了海水。我按下面罩，用鼻子吹气，清除了其中的海水。我已经完成了"清理训练"。测试人员向我竖起大拇指，我开始向上游，以一种从未有过的兴奋浮出水面。我通过了那个测试，并在英国特种部队的海上特种部队即特别舟艇中队完成了一个为期四周的潜水课程。现在，我也有行之有效的心理清单驾驭恐惧，自那一刻起我反复践行。

1. 检查逻辑和事实
2. 发现情况的积极面
3. 不带感情地看待风险
4. 接受现状并采取行动

> 你可以控制你的思想，但不能控制外界。认识到这一点，你就会找到力量。
>
> ——马可·奥勒留

控制情绪

克服恐惧的关键是学习如何控制我们的思想、情绪和思维过程。在我们复杂的思维过程中，有多少是我们真正感知到的？当我们需要表现出色的时候，我们需要花多少时间来训练我们的大脑，使其做出我们想要的反应？如果大脑是我们的指挥中心，我们在意识和潜意识层面上适当地评估状况，就能做出最好的决定并赢得胜利吗？

作为一名年轻的运动员，当我开始督促自己的时候，我第一次聆听到自己大脑中的声音。至今犹记当我在与放慢脚步、放弃奔跑的欲望搏斗时，内心嘈杂的争吵。这种争吵在我开始拳击时变得尤为强烈。每次当我步入拳台，似乎都带着纷繁的恐惧，这些恐惧没有一个是有用的。我脑海里的声音并不局限于体力不支的困苦，有时我害怕别人对我有不好的看法，我因参加考试、公开演讲和其他许多事情忧心忡忡。

情绪控制至关重要。当我谈到情感时，别人常常感到惊讶。我想他们可能会想当然认为，士兵们是没有情感的，即使有也是一个简单的调色板，上面浮动着勇气和力量，压抑着恐惧和悲伤，不时加上几杯酒冲淡调和一下。然而对我来说，情商很重要。如果我们不控制自己的情绪，它们就会控制我们。如果我们不理解自己的感受、动机和偏执，我们将永远失去对自己的控制。但是，如果我们能够理解我们的行为方式和动因，明确我们的优点和缺点，就不仅可以学会更有效地控制自己的行为，还能更好地理解他人并包容甚至欣赏差异。

在我年轻的时候，我几乎无法控制自己的思想和情绪。哪怕是微小的分歧或对世事判断的纠纷，我都会勃然大怒。我对不同的观点拒不接纳，对自己的观点也太过执拗。学习心理学对我大有裨益，它开阔了我的思维，使我能够倾听别人的观点，接纳别人的处事方式。这让我有机会看看他们的观点是否真的比我的好，并从中学习。我意识到我不必害怕承认错误了，这对我来说是一种巨大的解脱。现在当我遇到挑战或与他人意见相左时，我不会把它当成针对我个人的问题。最重要的是，我克服了恐惧。

在参加伞兵团选拔的时候，我开始明白如何控制思想，而不是让思想控制我。从第一天起我们就被训导："你永远不要放弃!"这句警语深深刻在我的心里，直至今日，如果我因为世事艰难、身心疲累甚至自我否定而裹足不前，内心深处的声音就会响起——"你永远不要放弃!"我知道要坚强，坚韧不拔，永不放弃。

那是一个凉意沁人、空气新鲜的夏日清晨，在牛津郡格林河畔的韦斯顿，雾气从田野上弥漫升腾。一个巨大的银色锚定气球[①]被充满气体，膨胀到空中。电线发出吱吱声，刺破了早晨的宁静。我和其他年轻的伞兵一起静静地看着。就这样，我们的第一次跳伞拉开了序幕。

细金属线将一个看起来不太坚固的吊舱和气球的底部相连，吊舱载着四个要从里面跳出来的士兵和一个确保任务完成的教练。气球将吊舱升到800英尺的高度，大约是伦敦碎片大厦[②]的高度。每一个跳伞者都会依次被叫到，并按照指

① 锚定气球（barrage-balloon），上面系着缆绳或网，用来缠绕低空飞行的飞机以阻止其攻击。——译者注

② 碎片大厦（The Shard），伦佐·皮亚诺设计的位于伦敦泰晤士河南岸的大厦，高1017英尺（310米），是全欧洲第二高的大厦，仅次于莫斯科水星城。586509平方英尺的建筑包含了办公空间，居住公寓。另外它还包含了一个15层楼高的公共观景廊。建筑的形式以伦敦具有历史性的尖顶和桅杆为基础而设计。2012年7月5日，碎片大厦正式揭幕。——译者注

令站在吊舱的入口处。然后，教练会发出一系列指引：“红色启动！绿色！跳！”

我们看着第一组人进入吊舱，准备被吊起，这时我注意到一个朋友不见了，他是我在训练中遇到的第一批人，也是这门课上最健朗强壮的学生之一。我问一位老师他在哪里。“忘了他吧，”他轻蔑地，“他放弃了。”

他没再赘言，这可不是一个好的开始。后来我发现他心意已决，认为自己不适合当伞兵，他拒绝跳下去。那天早上又走了一个，他同样拒绝跳伞。我们不被允许与他们接触。他们被调转到其他步兵单位，因为这种恐惧会迅速蔓延，开始让其他人怀疑自己。

我的小组被叫到，我们走进吊舱。气球缓缓升起，我被牢牢地固定住，即使在寒冷的早晨，我依然汗流浃背。气球越升越高，开始像在海上漂浮一样在空气中摇摆。教练看起来好像是唯一一个很享受的人，他指着下方远处的地标，例如一座墓地。因为我是最后一个跳下去的，有足够时间在脑子里嗡嗡作响地刻画着所有可能的死法：降落伞没有打开，不得不拉下备用降落伞，两个伞都没打开……然后我的名字被叫到了。

我向前踱至门口。日常训练和突发事件历历在目、充斥脑海，肾上腺素疯狂飙升，心脏剧烈跳动，尽管身经无数训练，我也是竭尽全力才遏制住双腿颤抖。

在最激动的时刻，人们会做最勇敢的事情，但当我们有时间思考，我们便需要有意识地不退缩。我太想这么做了，我为这一刻准备了很久，所以我命令大脑集中注意力，浏览精神清单，深吸一口气并等待命令："红色启动！绿色！跳！"

我跳了！

按照以前的训练，我数到三，降落伞开始张开，我抬起头。我的胃不停翻腾，在伞完全展开之前我又下降了 200 英尺，并吸了足够的空气来减缓下降速度。"谢天谢地。"我自言自语地念叨类似的话，然后安然无恙地降落在地面。

> 恐惧使人忘记，忘记的技能在战场百无一用。
>
> ——巴拉西达斯（Brasidas，斯巴达的天才指挥官）

发现专注点

虽然过了些年跳伞确实变得更容易了，但每次行动前，我还是会焦虑并且努力集中精力。不过我发现了一种方法，可以帮助我克服紧张的情绪。它曾只是我在跳伞之前使用的一种技术，但现在在我从事任何危险和有挑战性的活动之前都非常奏效。我创造出 4 个我的思维经历的"区域"。

第一个是"白区"，在这个区域我不用专注于任何特定的事情，我的大脑中漫溢着多个想法。这是在登机之前，我兴致勃勃地谈论各种话题，而不是即将到来的跳伞。第二个是“绿区”，当我登上飞机时，我开始关注任务的一般性，激活与跳伞相关的精确的心理档案。第三个是“黄区”，我考虑要进行的行动细节。飞机接近降落区，我开始在脑海中模拟所有的跳跃训练。最后一个是“红区”，在这里我只需实践。我忘记结果，顺其自然。我提醒自己已经磨炼了技能，我所要做的就是在实践中做了一千次的事情。我理清思路，只专注于和力量相关的事物，如“坚强”“勇气”。我抑制思绪的飞扬，自信笃行。

一旦我进入红区，恐惧就被隔绝。许多人对此感到惊讶。事实上，尽管像任何士兵一样我在执行任务前感到战战兢兢，而一旦我置身其中，恐惧便不再进入我的脑海。我被事物缠身，总是有更重要的事情要做——我心里只有我的训练和我的团队。

可能有很多人在生活中没有与怀疑或恐惧做过斗争。我为他们感到遗憾，因为在未来的某个时候，他们会遇到非常艰难的一天。

> 勇气是对恐惧的抵抗，对恐惧的掌控，而不是无视恐惧。
>
> ——马克 · 吐温

我们头脑中的思想是强大的。思想可以改变我们对世界的看法，不管是好是坏。思想能够激发我们改变对自己和周围世界的认识。反之，思想也能通过恐惧或怀疑的形式分散我们的注意力，阻止我们实现目标。因此，我们需要确保对自身思想的控制，防止它们成为前进道路上的障碍。

我们的感觉强化我们的逻辑思维，这些感觉本身就是情感和想法的混合物。了解自己是掌控感觉的关键，因此激情对成功至关重要。当我看到别人充满激情，我知道他们会做得很好。相反，当我发现他们萎靡不振时，我知道他们将一事无成。

激情、控制、纪律、策略、勇气，所有这些都能帮助我在不舒服的环境中控制恐惧——在军队里，你会遇到很多这样的恐惧。

> 勇气就其意义上讲就是个矛盾，它意味着以一种时刻准备赴死的形式表现一种强烈的求生欲望。
>
> ——基尔伯特 · 基思 · 切斯特顿[1]

一个 11 月的寒冷夜晚，23 点 10 分，我与一个军事单位一起工作，我们正在进行跳伞训练。我们将从大西洋上

① 基尔伯特 · 基思 · 切斯特顿（Gilbert Keith Chesterton，1874 ~ 1936），英国作家、文学评论者以及神学家。——译者注

空几千米的地方跳进大海，与一艘O级潜艇（已经退役）汇合。

我们中8人穿着黑色潜水服，背着将使用的降落伞，胸前带着备用伞，脖子上围着救生衣，还戴着一对黑色鳍状脚蹼，并备有一把侧刀（但愿不是用来对付鲨鱼，而是以备万一被缠住或在船上切断绳索的不时之需）。我们在两艘黑色充气船后列队，投送这两艘充气船用的降落伞和我们的所有设备堆放在托盘上，船从托盘滚轮移动投下。在两艘充气船被投下C130“大力神”号之后，我们将紧随其后，目标尽可能靠近船只降落，然后带着充气船乘坐潜艇。我们点亮了船舷上的蓝棒，好让别人看得更清楚，我们胳膊上的也点亮。我们进行过该练习多次。

飞机自内部发出红光，这样，能尽可能减少光污染，大家的眼睛也能更好适应下降一千英尺的黑暗。跳伞教官叫我们上前。在一片沉寂中，每人都检查了自己降落伞的拉绳，确保它牢固地挂在机舱上方的金属线上，这条金属线贯穿飞机首尾。这种装置确保我们跳出机舱后伞包可以拉开。每个人都沉浸在自己的思想中，紧张地进行着练习。我的思想开始集中在手头的任务上。一时间，我感受到了我跳下去之前总会有的恐惧。我告诉自己，这不是恐惧，只是在从事任何危险行动之前必经的感觉。我命令自己要想清楚：我本来就要跳的，所以没什么可担心的。我怎么能退缩呢？我永不妥协。另外，我是团队的领导，所以我至少需要看起来有点自信。

“大力神”号的后门打开了，冰冷的空气和嘈杂声涌了进来。风速为 12 节，刚好在夜间跳伞的安全范围内。我的心跳加快了，让危险上升了一层。天空漆黑一片，海面波涛汹涌，当时没有安全的充气船备好，需要我们投放的船充气来用。

幸运的是，虽然跳下飞机有潜在危险，但我曾多次与充气船一起跳伞，所以我知道会发生什么。我检查了一遍，忽视危险本身且聚焦于下一步我需要做的事情：在海上着陆，尽快上船。我想象我需要做什么：在落水前割断降落伞，游到半充气的船上，割断它们的降落伞和所系的托盘，给船充满气，最后准备迎接潜艇。当我在等待开始一系列行动的信号时，我的注意力逐渐集中。我用“坚强”和“勇气”这样的关键词来整理我的思绪。我提醒自己有很多次的经验，这让我充满信心。

然后教官告诉我，风速超过 12 节，这意味着跳伞可以取消。

团队中有几个人满怀希望地朝我看看——恐惧会让我们寻找最简单的选择，而不是正确的选择——但从我脸上的表情，他们立刻就知道我们要跳下去了。当然，他们不知道的是，我脑子里也有同样的想法：我可以待在飞机里，不跳下去。那我为什么一直让自己经历这么可怕的事情呢？我很乐意用事先准备好的回答来回答这些问题："因为我喜欢这样做"和"这是使我生活有意义的需要"。

我告诉跳伞教练，我们要跳，除非他下令取消。

我环顾整个团队，看到他们脸上全神贯注的表情。我特别注意了我们团队中的一个人，我知道他讨厌跳伞。他被风速情况吓坏了，只有狠命强迫自己才有胆量跳出飞机。他知道这次跳伞是在极限天气条件下进行，他的恐惧随着等待时间的加长不断增加。

一个减轻我们恐惧的好方法是把恐惧作为一个整体来思考。如果我们为承认自身弱点后别人对我们的看法而耿耿于怀，减轻恐惧可能会很困难。但承认自己的弱点可以让我们摆脱许多限制。我当然发现，学会承认我害怕某件事是一种解脱，因为只有这样我才能正视困难并想出解决办法。

当我环顾这个团队的时候，我看到人们基于共同的经历而团结一致，携手共度危险的难关。我们并非一见如故，但我们互相尊重，并心有灵犀地认同我们永远是一个不可分割的命运共同体。

我热爱一个互相汲取力量、集体利益高于个人成就的团队。他们有团队精神，没有队员忍心让队友失望。他们有共同的座右铭并且赖以践行。空勤团的座右铭有"敢拼才会赢"（Who Dares Wins.）。伞兵团的座右铭有"伞兵一家”（Utrinque Paratus）、“为一切情况准备着”（Ready for Anything）。

我回头看着那名队友，他看起来很害怕，紧张地朝我笑了笑。我走过去问他是否立了遗嘱。在这种情况下，笑话是一剂最好的良药。

跳伞教官大声发出了离跳伞还有两分钟的提醒，飞机进一步下降，调整飞行进入了降落区。就在我们必须跳出飞机的两分钟前，机舱内的气氛发生了变化，每个人都全神贯注地做着自己必须做的事情。我的注意力转移到飞机上的两盏灯上：红灯发出警告，片刻之后，绿灯表示我们要跳了。

教官喊道：“红色启动！”红灯亮了。过了一会儿，他喊道：“绿色启动！”充气船被推出机舱，向黑暗中冲去，我们鱼贯地紧随其后，消失在一片漆黑当中。伞打开了，这总是一种美好的感觉，我环顾四周，寻找下面的充气船。看到下面的灯光，我操作降落伞以尽量靠近地面着陆。风很大，所以我把滑槽调整了一下，帮助减速。碰到水面之前，我打开了降落伞的一侧，让伞掉落并收拢。我跳进水里沉了下去，海水很冷，海浪很高。我浮出水面，以最快的速度离开降落伞，游向充气船。其中一个队员和我在同一时间到达，船上的降落伞和装备包被我们切断了，缓缓沉入大海。当我们队的另外两个人到达时，我们给船充气并装上发动机。海浪汹涌以至于我们无法与潜艇汇合，得等到海面平静下来。

我们现在让队员们坐在两艘充气船上，镇定地等待着海面的平静。我们把两只船并排绑在一起增强稳定性。幸运的是，一个小时后海面逐渐平静，我们可以进行下一步演习了，否则我们还要在汇合点等待一个漫长的夜晚。这艘潜艇在该区域已经有一段时间了，凭借其先进的监测设备，它能轻而易举地持续跟踪我们的行动。现在潜艇从我们身边经过，我们打开潜望镜可以看到它，随着它的导引紧跟其后。天色乌黑，仍倾泻下一片月光。接着，它的指挥塔台终于从海的一角幽幽浮现，正好我们可以继续跟在后面。我们用一种特殊的装置将我们的船连接到指挥塔，这样，当它从海里升得更高时，我们可以把我们的船停靠在它的背后。然而，一旦犯一个错误，我们就会从一旁掉下去。就在这时，我又开始紧张起来，大家的注意力都再次集中到手头的任务上。

皮特负责这部分流程，他是团队中的新人，只能说略有实操经验，远谈不上熟练。他坐在充气船的前部，全神贯注地准备把我们和塔台连接起来。另一艘船与我们的船尾相连，我们像一个激流回旋队一样在波浪中匍匐前进。直到我们离得足够近，皮特才能把我们连接起来。海浪不停地来回摇晃着我们，就在他准备连接的时候……他把设备不小心扔进了海里。他沮丧地看着我，但我们早为这种意外做好了准备，所以我把备用的设备扔给了他说：“没事，这就是练习。”

他笑了，完成了整个任务，我们登上了甲板。两分钟后，当我们在自认为是世界上最壮美的船的舱顶部休息时，旭日冉冉升起。舱门打开了，一名负责的军官和他的手下准备协助下一阶段的工作。两支充气船团队甚至没有注意到日出，他们忙着以一种精确的方式把船卸下来。不到5分钟，船就被塞进了潜艇。

然后我们走下甲板。当你克服疑虑或恐惧时，总会有欣慰的快感在胸中涌起。每个队员对自己都很满意，因为我们刚刚成功地完成了一项非常复杂和危险的任务。每个人都不得不面对自己头脑中的声音，找到了尽力而为的方法，最重要的是，我们也有团队的坚强意志来指导我们。

数不清多少次，有人只是轻拍我的背就让我知道了我在做正确的事情，或者在我需要支持的时候对我竖起大拇指。种种这些帮助我战胜了内心的疑虑，并把所有情况视为学习新事物的机会。我现在知道，当面对困难处境或未知事物时，恐惧本无可厚非。只要我准备充分、计划完善、不断练习，我能百分之百投入到任务中，保持专注，笃信我内心的声音和直觉，最终就会安全渡过难关。

当我们理解并克服我们的恐惧，我们就能真正开始朝着自己的“超级北极星”前进。在我们靠近目标的过程中，应该始终确保我们的罗盘在各基点之间保持平衡。

行动要点：

平衡你的罗盘点

你的勇士、战略家和精神是否一直保持平衡？和以前一样，给自己打分，10 分代表满分，避免使用数字 7。

作为一个战略家和勇士，我的精神特质始终是我做任何事情的核心 □

我认为自己是个战略家 □

我把自己看作一名勇士 □

作为一名勇士，我能够在制定战略时超然物外，并满怀激情地实现每一个里程碑 □

我能同时将长期和短期目标可视化 □

即使是在勇士模式下，我也明确战略及其首要目标 □

一旦我制定战略，我就会立即采取行动 □

如果情况发生了变化，我不会坚持任何一种过时的观点 □

我知道什么时候该领导，什么时候该跟随 □

两种模式下我都能有效沟通 □

两种模式下，我都充满活力，积极向上 □

两种模式下，我都能富有创造力，摆脱思维定式 □

如果你得 0~4 分，那就危险了，必须加以改善，因为这对你来说是一个薄弱的方面，会影响你的表现。如果你得了 5~7 分，还有改进的空间。如果你的得分是 8~10，那么你做得很好！

现在计算平均分，同样的规则也适用。

基于上面的问题，如果你认为你更喜欢罗盘的某一方面而不是另一方面，想想你能做些什么来平衡它们。

如果你认为你的罗盘很精准，想想生活中什么让你恐惧。把你的恐惧写下来——它们可以是一般的恐惧，也可以与具体目标相关。你如何克服这些恐惧？想想你在人生旅途中到目前为止错过的任何机会。你还在后悔吗？你能从过往经历中学到什么，以确保你对未来的机会持开放态度？

铭记所有这些，你的人生地图上现在充满了想法和灵感，你应该准备好开始你的旅程，以实现你的目标。在开始之前，有一个更重要的因素可以让你如虎添翼——团队合作。

第7章 团队合作

一个人单枪匹马取得成功的事例鲜少发生。任何想要达成目标的人都需一个团队和一个人际网的支持。团队和人际网的成员可以是朋友、家人或同事。换句话说，这些成员是那些能助我们克服困难、执着求索的同路人。如何选择团队和人际网并保持互动是成功的关键。

个人人际网

当我一开始决定退役并首次进军商界时，我犯了一个错误，现在我经常告诉他人引以为戒。这个错误就是我没有告诉最亲近的人我从商的目的，否则我定会获得他们的支持。

我年轻的时候做不到这一点。那时的我我行我素，骄傲自满。我可能一时兴起改变主意，这也不会影响任何人，除了我自己。我有时去海滩，在外面待到很晚。我刻苦训练，偶尔放松一下也无伤大雅，反正唯一的利益相关者就是我自己。那些时刻——与自己协商的时刻——是我经历的最容易的谈判。当一种情况只影响到我们自己（这在谈判中自然很少见）是一回事，但当它影响到家庭、孩子、团队或组织，就另当别论了。我们需要考虑周围的其他人，征求他们的意见，听取他们的建议。

最近，我和一群 10 岁的孩子一起“工作”，他们带着自己的“人生罗盘”回家，我要求孩子们问父母些具有挑战性的问题——要与孩子的人生和家庭的规划息息相关。无疑，个人做出的决定会影响到整个家庭，所以，每个家庭成员都要洞悉彼此的目标。从而他们能在价值观念趋同的情况下，以同等的策略和激情投入“工作”，这委实重要。

坦率地说，我需要他人的帮助来实现目标。更具体而言，我需要来自家庭的帮助。首要的是，我必须把向家人寻求帮助本身列入计划，因为哪怕是家人可能也不会如同我设想的那样亲密无间。我必须向他们解释清楚自己想要什么，这令我难以启齿。更严重的是，听完我的需求，家人往往因为发现我并未把他们纳入其中而震惊不已。我不得不说那晚我要做些解释。要想取得成功，我们必须拥有人际网。没有周围人的鼎力相助，我们难以成就卓越。

团队的罗盘

决定命运的罗盘不仅适用于个人，也适用于团队。罗盘的准则涵盖商业、军队、体育等诸多领域，适用于任何一群人为共同目标而奋斗的壮举中。团队要想获得成功，需要有一个目的、一种精神、一套策略和一种勇士态度来支持行动的进行。

每次在空勤团执行任务中，这些都是我们采取的原则。接受任务前，我们已进行了数月的训练。我们用从防空设备到迫击炮的各种武器进行系统训练，还要不断获取有军事价值的最新敌情，同时坚持不懈地磨炼基本技能。

我们了解敌对方的目的和致命弱点，知道他们哪里欠缺甚至不堪一击。我们研究其文化范式、行为动机、心理活动，也研究他们的信誉、情商、训练情况、身体强度和领导力。我们比敌对方更了解他们在作战中的典型行为，而敌对方通常不会对我们做如此深入的研究。

我们的训练环境与实际作战环境相似，因此我们熟悉地面作战环境和条件，并有信心在任何时间地点击败对手。这并非诳语或低估对手，而是真实的自我评估。尽管如此，我们依旧把他们当作最强大的对手来对待，这样我们就不会准备不足和在战斗中失去优势。

在任何部署之前，队员都要更新个人技能（爆破能力、救护能力、语言和通信能力等）。有些人还学习可能有助完成某一特定部署的高级技能，例如重型武器训练。我们还会适应新的标准操作程序。我们预测各种突发事件，反复演练应对技能，从而在遇到紧急情况时能够本能地应对自如。

每个人都知道自己的角色，队友间也清楚彼此的角色，所以一旦有人受伤，另一个人会第一时间接替他的工作。面对压力，沟通至关重要。当时间宝贵如金，用一个单词就能沟通默契，为什么要用 10 个呢？我们单刀直入，一个简单的点头或手势就可以会意。我们在重压下演习，与另一支队伍扮演的敌对方激战，并使用实弹和炸药、干扰设备、浓烟炮火，模拟危险的场面。

我们是一个团队，就像一台运转良好的机器，能够克服任何艰难险阻。因为我们秉承一个明确的共同目标——打败对手。我们保持一致的团队精神——相互信任和支持。我们坚持一个明确的战略——了解我们的对手，并为一切可能发生的境况做好准备。我们是技术精湛且训练有素的勇士，随时准备勇敢投入行动。

最强大的勇士，他们在事业上保持取之不竭的能量和永不干涸的激情。他们希望与志同道合的人共事。他们相互信任和尊重，团队精神油然而生，团队的活力和潜力由此迸发。正如印第安肖尼部落首领特库姆塞酋长（Tecumseh）所说："一根筷子容易折，一把筷子难折断。"

团队的组建

我们首先要攻克的难点是团队的组建，即找到合适的人并让他们拧成一股绳——这本身就是一项技能。

雇到合适的人需要遵守原则和付出时间。我们必须确保选拔过程公平并给候选人提供机会以施展职位所需的素质和技能。然后，我们还要将他们置于压力之下来测试他们的技能是否牢固且具有可持续性。

空勤团的选拔过程历久弥新，鞭辟入里。我们一直力保评判的客观公正，标准的具体可测。在软实力方面，例如态度或行为方面，决策由小组集体做出，以使偏差降至最低。多年以来，成员们一直认为没有足够多的选手通过，因此建议降低某些选拔标准。但大多数失败者往往半途退场，因为他们缺乏强大的自律精神。

我们的目标是选择合适的人。技能固然重要，但总是次于态度。如果碰到有疑问的人，不要雇用，而是等待。我最近应邀担任小组面试环节的评委。我们观看了 6 位候选人高难度的角色扮演，期间他们展示了对组织未来的愿景，完成了一份书面任务，并为组织未来 3 个月的发展制定了路线图。

有一位选手在我看来表现突出，且是目前为止最年轻的一位。他虽然有一些不足，但精力充沛、双商超群。这个小伙子在小组中得分最高，并且其他评委一致认为他虽然略有缺点，但天资卓越、容易相处还有不可或缺的幽默感。然而，另一位选手在一时权衡下已经获得了认可。他各项平均但并不亮眼。

当评委们讨论当天的情况时，我立刻注意到人们变得主观起来，把年龄和其他不确定因素视为宿弊，甚至有人说年轻的候选人可能会惹恼组织内部的一些人。我指出他们陷入了求稳的怪圈——他们选择了一双安全的手，而非一颗未来的星。之后评委会对这位年轻的候选人愈加客观，最终他得到了这个职位。但是，他有幸碰上了作风严谨、实事求是的评委会，才得以脱颖而出。

> 雇用性格合适的人，之后培训他们的技能。
>
> ——彼得·舒茨[①]

我们也必须谨慎选择和自己相似的人，然而常常不经意间就会如此。我曾经认识一位非常有天赋的教练，他总是不停地给某个球员机会。这个球员一次又一次失败，我把这位教练带到一边，问为什么选他。他兜了很多圈子，终于承认那个球员让他想起了年轻时的自己。

同样的，正如我们必须意识到会因为青睐某个人而忽视他的错误一样，我们也必须谨慎自己会对不喜欢的人过度挑拣。在一次我负责的军事选拔中，我注意到一位教官明显不

① 彼得·舒茨（Peter Schutz，1930~2017），保时捷（全景体验）公司前 CEO 兼总裁（1981~1987）。——译者注

喜欢其中一名选手。我饶有兴趣地看着他指出这个选手的每一个错误。于是，每次这个选手做得好，我也会指出来。我这样做意在启发这位教官和其他同仁。

在第一轮评定时，听到所有教官告诉我这位选手表现多么糟糕，我并不感到震惊。我认同了他们的担忧并说："你们所说的一切都是真的。"然后我改变了策略："可是大家为什么不提这个士兵的优点呢？他坚持了下来，没有放弃，有可圈可点的表现。我向你们指出这些，但你们都视而不见。"我停顿了一下，想看看效果——事出丛林营地，天色漆黑得只能用手电筒照明，四下只有野生动物的声响，我的言语更显掷地有声。教官们陷入了沉默。我只是说："我希望这个士兵的表现和态度是评判他的唯一标准。我希望他得到公平的评价。"我没再多言，亦无须赘言。这名选手最终通过测试，并取得优异成绩。

当然，我们对一个人的要求，会依所需具体技能而变化，但总有一些基本性格特征会成为优势：

- 综合能力
- 自我意识、情商和沟通技巧
- 身体恢复能力
- 勇气
- 诚信

- 幽默
- 领导或追随他人的能力
- 动力和精力
- 对成功的渴望和学习力
- 意志力

与合适的人在一起，我们有了激发更好表现的基础。与错误的人在一起，一切都是妄谈。

> 一流的人雇用二流的人，二流的人雇用三流的人。
>
> ——利奥 · 罗斯滕[①]

我们找到合适的人后，就要放手让他们尽情发挥。不明智者才会雇人做事还事无巨细地进行监管。在我所有参与过的行动中，一旦目标确定，我们就可以全身心投入任务，上级会全力支持而非横加干涉。我很幸运，因为无论在军事、体育还是商业领域，我都遇到过善于授权的领导。他们自己总揽大局，让员工放手去做。如果我们筛选并培养了最优秀的人才，我们为什么不赋予他们权力行事？遗憾的是，我也

① 利奥 · 罗斯滕（Leo Calvin Rosten，1908~1997），波兰裔美国幽默作家。——译者注

遇到过许多根本不理解这一道理的组织。

当然，有时候环境不允许我们按部就班地组建团队，应急组队也很常见。打个比方，就像眼看纸牌掉落并即刻将其抓住，我曾多次调到军队不同部门来临时领导新团队。在这些时候，我和团队必须迅速提升合作能力，原因是大多数情况下我们处于应战状态，这意味着我们要时刻听命去执行任务。

离开空勤团进入商界以来，我不得不与只通过基本面试流程的人员组建团队。这就需要我留出时间去了解每个人，同时让成员们互相了解。我询问成员们过去的经历，努力了解他们的背景、家庭、动机、导师、强项以及想要提升的领域。

将成员团结一致

如果带领一个并非我组建的团队，我会先从寻求团队共同点出发，寻找我们共同的目标、信念、战略和勇士精神。然后，我会努力培养团队成员，使其挑战各自极限并发挥极致。这仍然可以归结为了解人们——了解人们的优缺点，找到他们发挥所长的最佳岗位，并弄清如何让大家团结协作，从而成为一支势不可当的队伍。

然后我寻找团队中有影响力的人。我称他们为“团队杠杆”，这些人支持团队的精神、战略和目标，一旦发挥作用就能起到四两拨千斤的效果。然后，我寻找那些具有破坏性的人（如果有的话），促其融合于团队、共谋团队前景，如果事与愿违就寻找最适合其才能和工作态度的职位。我试着以最大的同情帮助他们，但如果有必要的话我也会立即将他们扫地出门。

一个团队要采取人生罗盘法，首先必须在志同道合的基础上去构建共同目标和信仰，然后弘扬勇士拼搏精神，奋发图强取得成功。

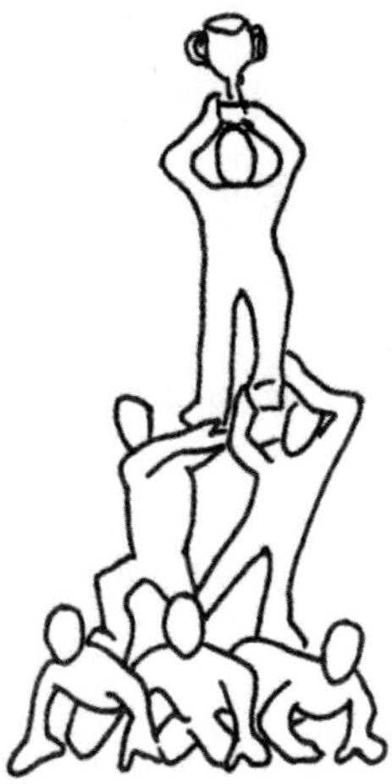

要做到这一点，我们需建立一种同侪情谊。我们不一定要喜欢对方，但我们必须互相尊重，最重要的是，要相互信任。达成这个目标的要诀是相互理解并寻找共同点。我需要和关心我、理解我的人组成团队。我想要生活在他人关心我幸福且能让我激发自身潜力的环境中。在我 20 多岁时，如果你问我是否了解我的团队，我会马上回答——“是的，非常了解。”遗憾的是，事实上，我对团队的了解仅浮于表象。

我可能知道成员们的技能，但我从未花时间深入思考究竟什么促使他们这么做，或如何能更有效地发挥他们的强项、最小化他们的弱项。

其次，我们需要一个共同的目标，这至关重要。难道我会追随并不发自内心认可的目标吗？如果一个目标能够体现我自己的意愿，我会觉得自己很重要，特别是当我在某种程度上促成了达成目标的计划的制订时，我更能体会自己的存在感。

这些要素一经到位，我就会鼓励团队内部公开讨论、互相挑战。我还要确保团队成员之间相互支持，对成员表现和评价标准普遍认同，从而能共同承担责任，以此谋求更深的信任。这种信任是关键，因为有了信任才有可能完成更高阶段的任务。

最近，我又和一个参加国际比赛的运动队一起工作，他们曾与我共事多年。我已有 10 多个月没和这个团队在一起了。观察 3 天后，我注意到，他们已失去按照最高标准竭尽全力的关键点——他们变得骄傲自满。在他们训练完成后，我指出要是在过去，无论是成绩还是态度方面，队员和教练都不会接受某些行为，不会允许任何标准的下降。团队领导和队员们很快意识到，他们在训练中采取了更容易的选择，尽管并非有意为之。因这些只是轻微违规，他们认为无伤大雅，标准也就开始逐渐下降。在重新调整的几天里，态度和标准回归最高水平，他们重新成了一个成绩绝佳的团队。

> 记住，所有人的命运取决于每个人的行为。
>
> ——亚历山大大帝

团队成员千万不要让自己的伙伴们失望。据我观察，团队致命的弱点是成员不遵守团队的整体规则和计划。这样的成员缺乏自律和自控，往往过度反应，基础薄弱，性格自私且不与他人交流。他们不谦虚而只关心个人存亡，最有可能辞职并把责任推到别人身上。这种弱点会感染整个群体，造成内部混乱。我在各行各业都看到了这一点。正如足球运动员詹姆斯•克尔（James Kerr）在《遗产》（*Legacy*）一书中所言，我喜欢"全黑队"（All black）的口号："无论一个球员有多优秀，我们的球队绝不能有一个白痴。"

一个团队要想在一起很好地工作，每个人都需要有被倾听的感觉。任何成员都可以提出不同的新的见解，这就是空勤团让每个成员都有发言权的原因。我们必须这样做，因为我确信我们团队中不乏天才。

空勤团有一个扁平的组织结构，但它并非"无等级"，仍有权威存在。这意味着每个人都有发言权。领导可能会倾听，但他们自己做最终决断。尽管在我做领导期间，总体来说只需在两种情况下与成员对抗——我的团队提出了更好的计划，或我的团队改进了我已有的计划。

在空勤团培训期间，我们还在某些时候清除了一些关键成员，以便让普通个人或整个团队都习惯于担任领导者并做出决策。我们有一个测试场景，在这个场景中，错误不能容忍，个人一旦犯错整个团队承担后果。这种训练鼓励个人和整个团队都要保持坚韧顽强。当测试完成，队员可根据具体的需要在追随者和领导的角色间切换。我们彼此信任，知道自己的长处，也清楚自身可能会干扰团队的弱点。

领导力

团队运用罗盘法和个人运用罗盘法有所不同，团队需要领导者来指导工作并确保没人偏离整体既定路线。领导力是成功的关键。在大多数团队中，我们需要同时学习如何领导和如何追随。当轮到我们发挥领导力时，我们需要具备某些特质，这些特质必须有效，使得成员愿意追随我们并倾其所能。

> 领导者不是把卓越注入人性，而是要把卓越激发出来，因为卓越原本就在。
>
> ——约翰·巴肯[①]

① 约翰·巴肯（John Buchan，1875–1940），苏格兰小说家、历史学家及第一代特威兹穆尔男爵，1927 年代表苏格兰高等教育界当选英国下院议员，后来被任命为加拿大总督，公务之余仍坚持写作，以惊悚小说《三十九级台阶》最为出名。——译者注

沟通

领导者知道如何在必要时调整自己的风格和语气。沟通太重要了，如果我们不能通过沟通交互信息，还要信息做什么？我认识的最好的沟通者之一是谈判专家罗布·肯尼特（Rob Kennett）博士，他挽救了无数人的生命。从他身上，我学会了如何在没有权威的情况下领导团队，如何给人留下良好的第一印象，如何在情感层面与人交流、建立信任。我们把上述做到位就可有效影响他人的行为。欺凌恰恰是所有这些的对立面。我们要抓住每个机会，理解团队的需要。我们要对那些诚实的错误予以原谅。一旦错误得到改正，我们不可以旧事重提。没有什么比提醒别人过往的失败更能瓦解他们的信心了。

知识

最好的领导者知道他们本身所知有限。他们从错误中学习，也向别人学习。他们从不将自己与团队隔离，也从不隐瞒坏消息。我很幸运地和三位五十多岁的 CEO 一起工作，他们仍然在接受新的挑战，学习新的技能从而保持在同辈中的竞争力。

纪律

领导者需以身作则，发挥标杆作用。作为领导，要以对团队的表现和评价标准的同等期望来鞭策自己，这很重要。“不要像我做的那样去做，要像我说的那样去做。”这种话当我们是孩子时不管用，对成年人也不起作用。

> 树立榜样不是影响他人的主要手段，而是唯一的办法。
>
> ——阿尔伯特·爱因斯坦

勇气

我们要在逆境中保持坚韧，培养承担风险的能力。但请注意，此时作为领导者的你，可能变得困顿和孤独，甚至怀疑自己。我的一位好友不得不做出要求停飞一些航班的决定，因为他怀疑航班可能会有危险。这个决定影响重大，特别是如果他判断失误，飞机停飞和扰乱航线将造成大量资金损失并攸关许多其他国家。问题在于没有确凿的事实支持他的决定。最终，他还是相信了自己的直觉和经验。他勇敢地行动并做出决定，结果挽救了许多人的性命。有勇气，一切皆有可能；没有勇气，一切无从谈起。

倾听

真正的领导者总是努力提升自己和他人。他能够促进周围的人并在不同层面激励和支持他们。糟糕的领导者则被

“审判者”包围。

保持冷静

我们永远要寻找的是解决方案，而不是借口。发脾气找不到丢失的钥匙，不能让别人回电话，也不能阻止车抛锚。有时事情会出错，如何处理错误正是对性格的检验。毫无疑问，当诸事皆宜时，我们都能表现得平静愉快。

全力以赴

领导者要确保他们所做的每一件事都围绕他们的目标展开。

> 将者，智、信、仁、勇、严也。
>
> ——《孙子兵法》

领导力是脆弱的技能，容易遇到危机。领导力又是团队成败的关键。我很幸运几乎一生都受到领导者的激励和鼓舞。

我刚加入伞兵团，迪克·特里格尔（Dick Trigger）少校就来接替我们连长了。他和我们一样身强体壮甚至更强壮一些，智商超群，像亚历山大大帝一样。凡是他要求我们做到的，他总是身体力行。他目标明确，致力于把我们连打造成营中最好的连，把我们培养为人格纯挚的队员和品行纯粹的军人。

当时我们正在斯堪的纳维亚半岛进行一次由团长指挥的大型演习，任务是占领由敌方——实际上是B连把守的山谷。两个连之间像过往每次演习一样进行激烈的对抗。我们连是最后的胜利者。B连看到在我们先头有6个小分队经过，便自以为对我们连穿过山谷到达终点的战略战术有合理的预判。

他们错了。我们的连长特里格尔也一直密切观察其他组，在最后一分钟，他把我们中的一些人叫到一边，重新发布命令。他改变一个排的原有部署，令其从一个出其不意的方向进攻。他解释说，他会向不同阵地开火，会调遣兵力去攻击前哨，分散敌方的注意力，这样多方牵制，敌方就不清楚主力攻击来自何方。

我们查阅了地图，他选择的路线很艰难，至少需4~5小时负重行军和攀爬才能绕过平地。特里格尔说他会等我们到达预期地点后再发动攻击。我们出发时，天空又下起了暴风雪。团长看不到我们，焦虑陡增。这与原定计划相背离，时间也已很紧迫。团长通过工作人员命令把我们撤下，但特里格尔拒绝了。于是团长亲自来提出要求。特里格尔依然没有听从，并解释说："我不会这么做，也不打算这么做。"由于这是一次训练演习，团长并没有发布必须遵守的明确指令，特里格尔也有勇气坚持自己的信念，这是任何一个好的领导者都必须做到的。他等啊等，顶住压力，一直等到我们抵达他策划的目的地。只有当敌方面对错误的方向时，他才趁机进攻。我们轻而易举地击败了 B 连，以最小的伤亡赢得了胜利。特里格尔在实践中演绎了什么是好的领导者，完全值得我们借鉴。

特里格尔创造了为成功而努力的激情，结果我们一次又一次取得了成功，后来还赢得“行军和射击”比赛冠军，战胜了所有其他国家的参赛队伍。他为人谦逊，总是把功劳归于下属。他下定决心为我们的团队而战，这一点最激励我，也可以说成就了今天的我。

> 如果你的行为激励了别人去梦想更多，学习更多，行动更多，成就更多，那么你就是一个领导者。
>
> ——约翰 · 昆西 · 亚当斯

我们身边不乏展现卓越领导力的案例——经营良好的餐厅、在任何时候都能兑现承诺的企业、每天都在做出挽救生命决定的急诊科医生和护士。但大多数时候我们并未注意到这些。这令人羞愧，但若识别不出何为糟糕的领导力，我们就更危险了。

当心“魅力”型领导者

不管具体角色如何，所有糟糕的领导者的特性如出一辙。他们不擅倾听，一切以自己为中心；选择一刀切的政策；持着非黑即白的态度；缺乏责任感，喜欢找替罪羊；性格偏执，反复无常，愤世嫉俗；搞分而治之的策略和恐吓文化；易受奉承，身边都是马屁精；把别人的想法据为己有；对任何困难都反应过度，根据自己的情绪而不是事实施行惩罚。

然而，这并不是说他们没有天赋，恰恰是天赋让他们如此危险。他们通常魅力十足，光芒四射。他们能够蛊惑别人完全不按原有的性格说话和做事。他们不受压力干扰，临危不惧。他们有明确目标，凭借勇气、专注和自律孜孜以求。

如果这些领导者易于辨认，这当然会让我们的生活更容易，但事实并非如此。

> 靠打人家脑袋做不了领导，那是施暴，不是领导。
>
> ——德怀特·D. 艾森豪威尔

当然，糟糕的领导者不一定是十足的混球。我遇到过的最糟糕的领导者之一，上任 10 分钟就摧毁了全排的团队精神。

他一度借调到英国东北部的另一个步兵部队，任职两年后来到我们排，以讽刺的锻炼领导力的名义。那天早上，他充满自信地大步来到我们的营房，自报姓名、军衔和履历之外，没有问我们的名字，也没有做进一步自我分享。他说我们不够努力，暗示他觉得有必要重塑权力架构，并且说我们中一些人如果不达标就要出局。

他从不过问我们的感受，也未给我们树立目标感——没有“为什么”的目的——只是说我们不合格，并且不遵守规则的话会受罚。我们组中，不管与他素昧平生的人，还是曾经共事的人，都对其行为表示不解。这让我们的集体感到不安，因为我们一直确信自己是好样的。我们的确一直都很成功：有强烈的战友情谊，完成了所有上级交给的任务，甚至会毫不犹豫地为彼此牺牲生命。但他用制造恐慌的方式来管理，让一些原本勇敢坚韧的士兵感到孤立和不堪一击。没有人想让团队失望，没有人想被扫地出门。我们的肢体语言统统发生了变化，我们之间原本互相信任的关系开始紧绷，大家沟通时小心翼翼，如履薄冰。我们不再是一个整体，而是一群不求有功但求无过的乌合之众，不会多做一分，只为完成任务而完成任务。一些人想离开。一些人甚至变得具有破坏性，与上级的要求背道而驰。

然后，在看了这位领导者一次次施威后，我意识到这不是能力的展示，而是缺乏自信的表征。就像每一个恃强凌弱的人一样，他害怕自己的不足露出马脚，所以反过来通过找出我们的不足来掩盖自己的不足。当他企图分裂我们时，我们中许多人奋起反抗他的领导。

> 对潜规则沉默不语无异于接受。这适用于我们所有人，尤其是那些按其级别担任领导角色的人。
>
> ——澳大利亚陆军司令 大卫·莫里森（DAVID MORRISON）中将

精神的欺凌导致人的精神受到严重摧残，在很多情况下，这种精神摧残比肉体摧残更可怕，因为受害者往往会不断重现某些场景，不良情绪也会卷土重来。

幸运的是，当我意识到他的这些把戏时，我开始替他难过，心底里暗自嘲笑他。然而有一回，他再次肆无忌惮地上演充满负能量的把戏，我笑出了声。尽管他不是每次都给我带来伤害，但从战略角度看，抑制了我勇士精神的发挥并可能让我做出追悔莫及的事。

成功之路

领导者能力卓越，团队凝聚力强，大家目标一致、价值观趋同，精心策划战略并拧成一股绳奋勇向前，就可所向披靡，就能达到最高标准，完成最佳业绩，即使在至暗时刻也无所畏惧。

几年前，我参加过一个由 15 人组成的敌后作战小组。我们要首先进行突袭，为接下来的一系列进攻和情报收集任务开路。我们耗时数周抵达目的地。旅程的前半段坐飞机，后半段坐直升机，接着又埋伏隐蔽了两周，然后我们偷偷潜行直至秘密地长驱直入敌后约 200 千米（124 英里）纵深。这次任务中，每个士兵都可自主行动，指令为自治混沌模式。通俗讲，就是一旦目标确定，单个士兵可自行炸毁或摧毁尽可能多的目标，包括车队、军事设施、电话线、燃料堆，同时要获取情报以协助主战场的战斗，附带抓获任何高级士兵。我们可以通过任何方式实现这一目标，而不必征得许可。这个目标简直就是一颗清晰明亮的“超级北极星”，在战争的硝烟迷蒙中闪耀着灯塔般的光芒。

我们通宵工作，静静地观察敌方的位置，跟踪他们的行动，夜视镜把沙地染成了病态的“绿洲”。我们的战略和目标是明确的，每个人都清楚地知道自己应该做什么和取得什么成果。然而因为高度兴奋，我们在所负责的一个地点停留了稍长时间，第一道曙光很快就出现在地平线上。自由行动的缺点之一是无人可以求得他人援手，我们只能自力更生。

时间慢慢过去，我们无法转移到更容易防守的位置，而眼下需要一个白天休憩的地方。终于，我们找到了一个合适的地点，这里东、西、南边皆有高地，北有土路。于是，我们建立了一个营地，将车辆转移到防御位置，在敌方可能靠近的所有路线设立了哨兵，接着安顿下来休息，为第二天晚上的侦察做准备。结果我们事先并不知道地图与实地不符，我们的营地处于敌方两哨所之间，哨兵报告说我们被包围且寡不敌众。

到下午晚些时候，敌方人员已向两个有利地形移动。其中一群人占领了西边高地，为从北边袭来并从侧翼向我们包抄的另一群人提供火力支援。多亏了哨兵，我们已做好了准备，在敌方人员到达防御阵地后不久，我们用轻武器开火。刚刚开火，我方一名士兵就流血了。这并没有使我们慌乱，这只是需要克服的一个干扰。我们需要重新组合，继续战斗。

我们现在处于危险之中，被敌方人员包围，受到来自西面和北面的猛烈攻击。但我们知道该怎么做——因为大家都练过成百上千次了：士兵的单兵作战和协同作战的训练。每人都清楚各自目的并尽其所能。我必须像其他人一样，做好自己的工作。不需要向左、向右或向后看，因为我已经知道其他人在做什么。在军事行动中，我们知道竞争在哪里，竞争不是来自内部，我们要一致对外。

很多时候，团队内的一些小组要求支援协助把守阵地，其他人一定全力以赴。当我这边需要额外力量来对付侧翼，他们也不顾个人安危过来助攻。

我们打退了西侧小山敌方人员的主攻，他们已被我们控制。我们保住了阵地，但单单防守不能获胜。现在要发动攻击，打开缝隙突围出去。以绝对和压倒性力量开火。各就各位，每个人都对计划了然于胸，大家紧密配合；以最大火力压制住对方，短短 20 分钟内，战斗局面被我们掌控。

现在，同一级别的两位指挥官传来不同指令。他们各执一词，分析角度稍有差异。一位说马上离开，扔掉很难带走的设备，比如隐蔽网。另一位说像以往那样打包带走。没有正确答案，每个提议都有道理。

两名指挥官都很冷静并了解彼此，否则可能带来混乱和延误。其中一位说：“我们打包要 15 分钟，时间不够，我们应该离开。”听了这番简单的解释，另一名指挥官说：“有道理，我们走吧。”于是我们展开曾演练多次的行动，只是稍做调整，腾出一只胳膊来搀扶受伤的人。每个人都跳上车，各就各位，用火力相互配合，交叉掩护其他车辆，直到脱离险境。我们安全撤离。一个人受伤，但没有人阵亡。身后战场一片狼藉，我们撤离归来。

经常有人问我，在这种情况下你感觉如何？我可以坦诚地说，“专注”是首先浮现在我脑海中的词汇。我环顾四周，发现团队成员都一样专注，相互合作，相互支持。受伤的人得到了救护和关照；队伍做出一个好的决定，人们互相竖起大拇指；有人说了一句俏皮话，打破了紧张的气氛。在那一刻，大家大脑进入忘我的心流状态，彼此配合默契，作为一个整体运行。

我们也处于解决问题的模式：分析局势位居其后，首先我们要采取行动。

后来，在战斗的间歇，我的思绪确实闪回至在英国的家人身上，但只是惊鸿一刻。我听到了自己内心干脆的声音——“现在不行”“保持专注，你会在以后看到他们”。我们的基础训练给了我们很好的工作基础。

在这次部署之前，我们所有人都在一起工作过——新成员几个月，老成员几年。虽然我们并不都是亲密的朋友，但我们非常尊重对方（喜欢团队中的人实乃乐事，而非必须）。我们都想去空勤团。大多数士兵在20多岁时加入空勤团，所以经验丰富。选拔过程意味着我们都达到共同的士兵标准。我们有不同的背景，有不同的身体素质和才能，我们当中有护理人员、工程师、科技人员、教师、机械师、语言学者、爆破行家。多样性是我们的优势，但归根结底，我们是一个团队。

因此，当涉及取得成功时，人生罗盘法对团队和个人都很重要。我参与过的大多数成功团队都有一个完美一致的团队罗盘：共同的目标、趋同的价值取向、精心策划的战略和顽强拼搏的勇士精神。

行动要点：
打造一个团结的团队

你具备精英团队一员的关键要素吗？和以前一样，给自己打分，满分 10 分，避免使用数字 7。

你和队友互相尊重 □

你花时间去了解队友 □

你和队友互相支持 □

如果团队中有人犯错，愿意互相道歉 □

你愿意承认彼此的技能和专长 □

你能够说出这个团队的优点和缺点 □

为了团队利益，你能够投入激烈的辩论来寻求解决方案 □

如果你的队友不遵守行为准则，你愿意跟他们叫板 □

你的团队完全专注于目标 □

你的团队都同意正确的策略 □

你的团队首要关注对团队最有利的事情而非个人诉求 □

你的团队以高效率做出成果著称 □

你的团队希望留下高附加值的东西 □

你团队的每个成员都完全致力于团队的成功 □

如果你在任何方面得分 0~4，那就危险了，必须加以改善，因为这些对你来说是弱项，会影响你的表现。如果你得了 5~7 分，还有改进的空间。如果你的得分是 8~10，那么你做得很好！

现在计算下平均分，同样的规则也适用。

如果你所在的团队缺乏凝聚力，考虑一下原因有哪些。团队中是否有某个成员让其他人失望了？能否改善所有成员之间的关系？你需要在团队中建立更高层次的信任吗？每个人都把各自脑力、体力发挥到极限了吗？

你越能建立团队精神和战友情谊，你的团队就会越紧密地合作；团队的方向越一致，就越接近目标。

尾 声

以上就是我迄今为止的人生旅程故事，在结束这部分之前，容我重申我目前所处的位置和我现在的“超级北极星”。我们的虚拟学院已经运行一年，体验式领导课程已经开始。我们还没为学院找到固定地点，但我在脑海中可以清晰地描绘这一切：

我从小木屋的窗户往外看去：这是一个美丽的地方，西边有湖泊，森林环绕四周。这样的小木屋还有 7 个。我看着第一批学员，他们开始爬上高空绳索进行空中攻击课程训练。我走到操作室，听着汤姆在领导力练习中向地面监控小组发号施令。其他小木屋里挤满了参加创业挑战或其他国际谈判课程的学员。整个营地萦绕着兴奋和紧张的气氛。

这正是我想象的未来的样子，而现实中我对面的人生地图在右上角有一张刻画未来的图片，让我保持在正确轨道上。我还充分规划了时间表，明确了第一个里程碑和潜在的障碍。我已经开始朝着前两个里程碑迈进。

我们与众多也支持该项目的专家一起制定了战略。学院选址在萨默塞特的汤顿。2016 年 9 月在此开发了第一个“人生罗盘”小镇。我们阶段性目标清晰，应急措施到位，足以排除任何可能出现的障碍。无论学员是年幼的儿童还是年长的商界人士，团队力求通过有效沟通、建立信任、培养雄心和信心来激发学员的潜力，提升他们的表现，为后世创造价值并供之仿效。我很幸运有很多志同道合的勇士支持我的行动，最了不起的是，我的“超级北极星”也是他们的“超级北极星”——我们是一个团队。

自从学院成立并运行，我已经知道下一步我将殚精竭虑地做什么了——把这个项目推向海外。我想让世界各地的孩子们体验拥有人生罗盘的好处。我想创建一个慈善机构，派遣尽可能多的教师来实现这个目标。我认为这是对后世很有价值的遗产。

人生罗盘正是这样，它是一种在毕生支持我们实现梦想和抱负的方法。无论它们是什么，罗盘总会随我们目标的变化而做出相应调整。我们需要做的就是校对罗盘的所有基点，使之时刻保持精准状态。

我希望这本书能激励你，让你信心百倍，让你在生活中开始得到真正想要的东西。我希望你能把人生罗盘的原则应用到你自己的生活环境中去。

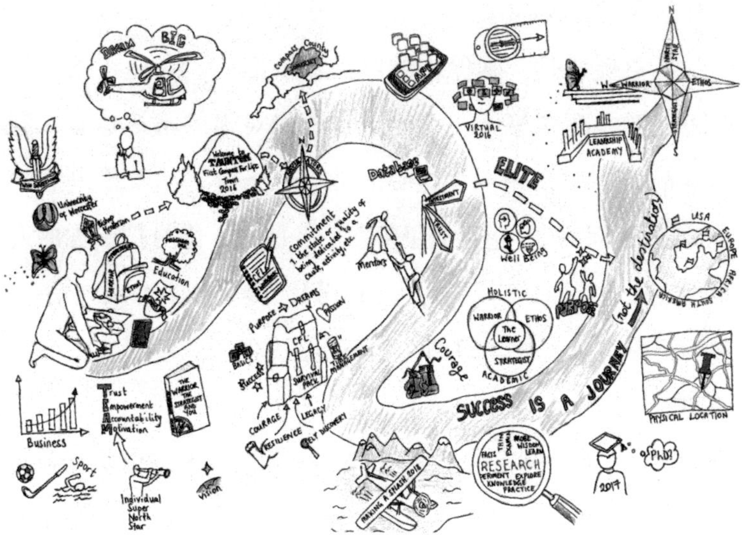

你要满怀信心并有鸿鹄之志，不要怕别人怎么看待你，开始树立一个对你真正有意义、值得全力以赴的目标。别忘记审视你现在的情况，以评估你的起点、技能、优势和弱点，这样你就知道该如何开始你的旅程。确定需要影响所有决策和行动的价值观。确保你不会后悔自己处理事情的方式，确保你一时的行为不会阻碍你长远的成功。永远不要忽视你的战略方面：一旦你确立了目标，就要分解你需要采取的步骤，为未知做好准备，并给自己足够的依据来做出明智的决定。掌握了这些信息后，切记要采取行动。保持激情、决心和纪律去做每件事，这样你就能全力以赴。不要害怕失败，而把它当成一次学习的经历，一种提升表现的方式，这样你下次就能成功。

最重要的是，确保你的罗盘是校准的。当你在旅程中前进，总是要考虑每一个基点，确保对你的精神负责，利用你的战略家，拥抱你内心的勇士，坚定地朝着你最后的目的地——你的“超级北极星”——前进。随身携带你的人生地图，它有助于可视化你的旅程，激励你并使你专注于你的最终目标。充实地图，调整地图，但永远不要忘记参考地图。

记住，这并不完全取决于你。你周围的人是你发展和成功的关键。你是你的各个部分的总和，是那些帮助你并在旅程中一路相随的人们的总和。确保你知道这些人是谁，并让他们和你在一起。没有人际支持，我不可能走太远。我们可以靠自己做到最好，但如果没有我们的支持网络，我们的人生要想成功就会困难得多。

现在是时候把成功之道和盘托出了，不过，我还是想重复过去人们对我说的话：“看，弗洛伊德，你是一名特种部队的士兵，你健康、强壮、聪明，成功对你来说一定很容易。”

我多么希望那是真的！那些人没有看到的——但你现在知道了——是数小时的练习，从失败的阴影中走出，并持之以恒地学习。我也不得不和其他人一样，倾听内心的声音，直面来自心灵深处的恐惧。

最后，把我的成功之道留给你：

- 梦想远大。
- 忽略那些试图让你偏离轨道的人。
- 让你的梦想在头脑和心中活跃起来，并充满激情地追随它们。
- 竭尽全力，付诸实践，相信自己，并获得成功。

祝你人生旅途愉快。好运连连，享受全程，请一定让我知道你近况如何。

最后一点：

采取下一步行动

◎ 如果你开始奔向“超级北极星”，在未来6个月后，你会取得怎样的成功？可视化你想要的结果。

◎ 在接下来的3个月，你必须采取什么行动？

◎ 你需要什么支持？

◎ 看着你的地图并扪心自问：梦想真的如此高远，让你心生畏惧吗？你看到自己在旅程的终点微笑了吗？你预见到在与朋友和家人的关系中获得幸福了吗？你想象出你理想的职业了吗？你认为自己身体健康、精力充沛吗？你会获得值得骄傲的技能吗？你会回馈你的社区或社会吗？你的旅程最终会真正收获良多吗？

致　谢

感恩一路帮助过我的所有人。

我的父母以身作则，言传身教，是我从小的榜样，他们让我明白勤奋苦干、自我牺牲和坚韧不拔的重要性。当机遇来临，是父母做出勇敢冒险并举家搬迁到奥尔德尼岛。父母的支持，显而易见或润物无声地在很大程度上确保了我们兄弟姐妹在各自所选道路上取得成功。父母还教会了我们竞争！无论是拳击还是打牌，父母让我明白竞争的好处，失败是学习的机会，不断练习的好处无可替代。

我遇到一些了不起的老师，他们支持我、激励我，告诉我要相信自己，督促我学习（有时是不情愿地）让我受益至今的知识和技能。但我也看到了教师可以造成伤害的一面：一句看似搞笑的愚蠢评论或一句随意的指摘都会削弱一个人的信心，让一个人尤其是年轻人偏离正轨数年，甚至遗恨终生。从他们身上，我学会了如何保护我的各种梦想。

在拳击场上，竞争对手让我学会了面对恐惧，认识到恐惧并不可怕，它让我们保持敏锐，提醒我们充满活力。重要的是我们要战胜恐惧，拥有带着恐惧走上竞技场的能力。

通过和朋友的交往，我认识到友谊的真正价值。他们中许多人已成为我的人生导师，在需要的时候，我可以向他们寻求帮助和指导。他们有求必应，不求回报。这些人是我生命中真正重要的部分。

从阿尔·斯莱特那里，我认识到高阶的训练就是把基础练到极致。我学会了按照他的教导做事。

我永远不会忘记苏珊娜·赫德森，她在我 10 岁的时候教我下棋。从她身上，我学会了保卫皇后[①]（确保你、你的团队和你的组织健康、安全），以及抓住国王（增加市场份额并击败竞争对手），这是我在过去 6 个月才意识到的一课。想象一下，如果我在 10 岁的时候就意识到了这一点，那有多好！我们身边有益的思想比比皆是，我们要注意吸收。

另一位不断激励我的人物是亚历山大大帝。他率领千军万马冲锋陷阵，运用深谋远虑破敌，坚持不懈地追求梦想。亚历山大大帝的英勇事迹从孩提时代起就激励着我，直到今

① 在国际象棋中，王后的作用举足轻重，中世纪的欧洲，王室之间的联姻是常态，诸侯之间通过联姻结成联盟，王后是力量结合的纽带，国际象棋中王后威力巨大与此有关。妇女是各级骑士崇拜的偶像，国王也不过是大骑士。王后力量超群，是决定胜利的关键。——译者注

天依然如此。这就是为什么我从不低估年轻人改变世界的力量。

我的地狱天使朋友们……那是我们之间的事，噢，也许我还要写一本书讲讲他们。

下面仅仅列出姓名缩写，他们都是鼓励过我的人，而且很多情况下，他们仍一如既往为我打气：CD/BW/ ST/RW/RW/JW/VO/SJ/BM/TM/SW/CT/RL/DC/PD/ PL/AS/JT/PC/JL/JS/MC-S/RP/DT/KM/SH。

参考书目

写这本书的过程中，我从很多书中汲取了营养，其中一些是关于成功策略方面的，你可能会觉得有趣，可供进一步阅读。

Buzan，Tony，and Keene，Raymond，*Buzan's Book of Genius*（London: Hutchinson，1994）

Carnegie，Dale，*How to Win Friends and Influence People*（New York: Simon & Schuster，1936）

Cialdini，Robert B.，*Influence: Science and Practice*（Boston: Pearson Education，2009）

Curran，Andrew，and Gilbert，Ian，ed.，*Little Book of Big Stuff About the Brain*（Carmarthen: Crown House Publishing，2008）

Gelb，Michael J.，*Discover Your Genius*（New York: Harper

Collins，2002）

Hawkes，Neil，*How to Inspire and Develop Positive Values in the Classroom*（Manchester: LDA，2003）

Kerr，James，*Legacy*（London: Constable，2013）

Millman，Dan，*The Way of the Peaceful Warrior*（Tiburon，CA: H. J. Kramer，2000）

Precht，Richard David，*Who Am I? And If So，How Many?*（New York: Spiegel & Grau，2011）

Taylor，John；Furnham，Adrian；and Breeze，Janet，*Revealed: Using Remote Personality Profiling to Influence，Negotiate and Motivate*（London: Palgrave Macmillan，2014）